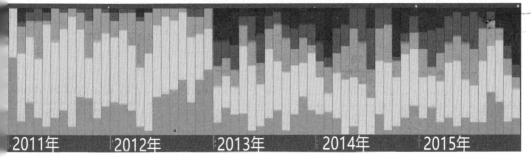

图1 北京2011年至2015年逐月空气质量图。图中自下而上绿色AQI指数为0~50，一级优；黄色为51~100，二级良；橙色为101~150，三级轻度污染；红色为151~200，四级中度污染；紫色为201~300，五级重度污染；紫红为300~500，六级严重污染；黑色为500以上，俗称"爆表"。（据"在意空气"APP）

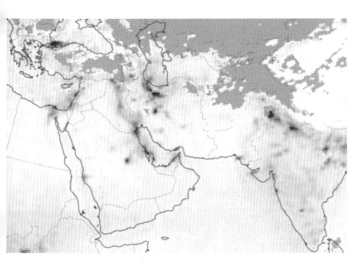

图2 为南亚和中东地区大气污染卫星图。显示了亚洲西南部地区大气中的二氧化氮（NO_2）浓度，橙色区域表示NO_2的相对浓度，而灰色区域表示数据缺失（原因可能是云团的遮挡）。图中橙色深的地点基本属于普通型空气污染，为明显的点状分布，大城市和工业区的指数经常会很高，但严重污染区域的范围一般相对不大。

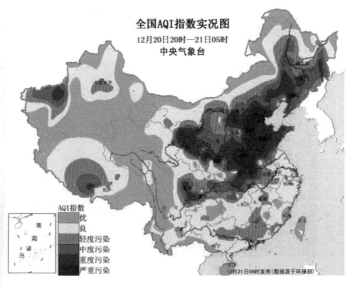

图3 2016年12月20~21日全国AQI指数实况图（中央气象台）

图4 雾霾初罩北京城（2013年4月8日作者摄于北京西山）。当日下午霾气团开始聚集于北京城区中北部，而后蔓延一两小时即与西部北部山体基本连成一片。再后来起北风，5级至6级，所以这次雾霾未成气候。

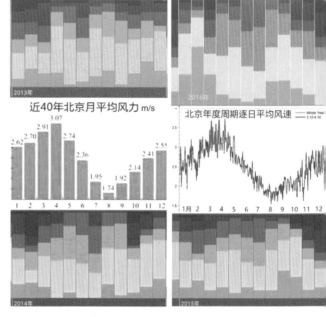

图5 北京逐月及逐日平均风力与2013年至2016年逐月空气质量对照（根据网络资料组合）

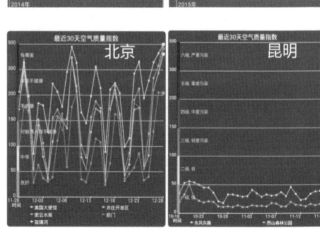

图7 北京与昆明空气质量指数曲线之对比（据"全国空气质量"APP）

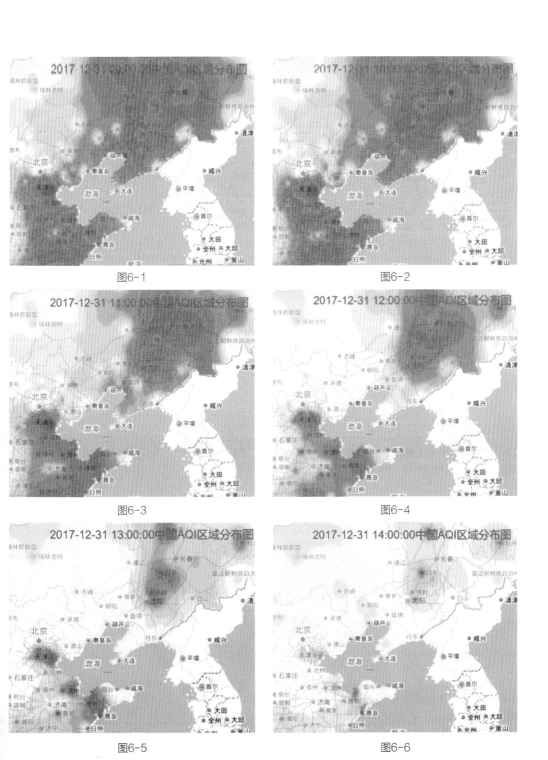

图6-1

图6-2

图6-3

图6-4

图6-5

图6-6

图6　2017年12月31日华北及东北雾霾结束过程（据"真气网"）

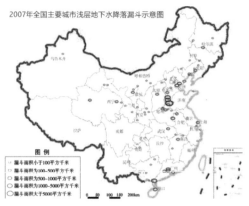

图8　2007年全国主要城市浅层地下水降落漏斗示意图（地下水监测信息网）

图9　2011年全国主要城市浅层地下水降落漏斗示意图（地下水监测信息网）

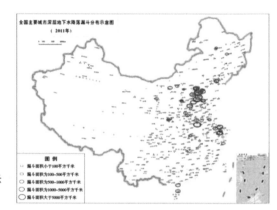

图10　2011年全国主要城市深层地下水降落漏斗示意图（地下水监测信息网）

图11　2001年华北平原深层地下水降落漏斗示意图（中国地下水监测信息网）

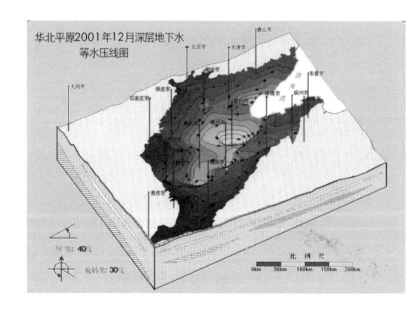

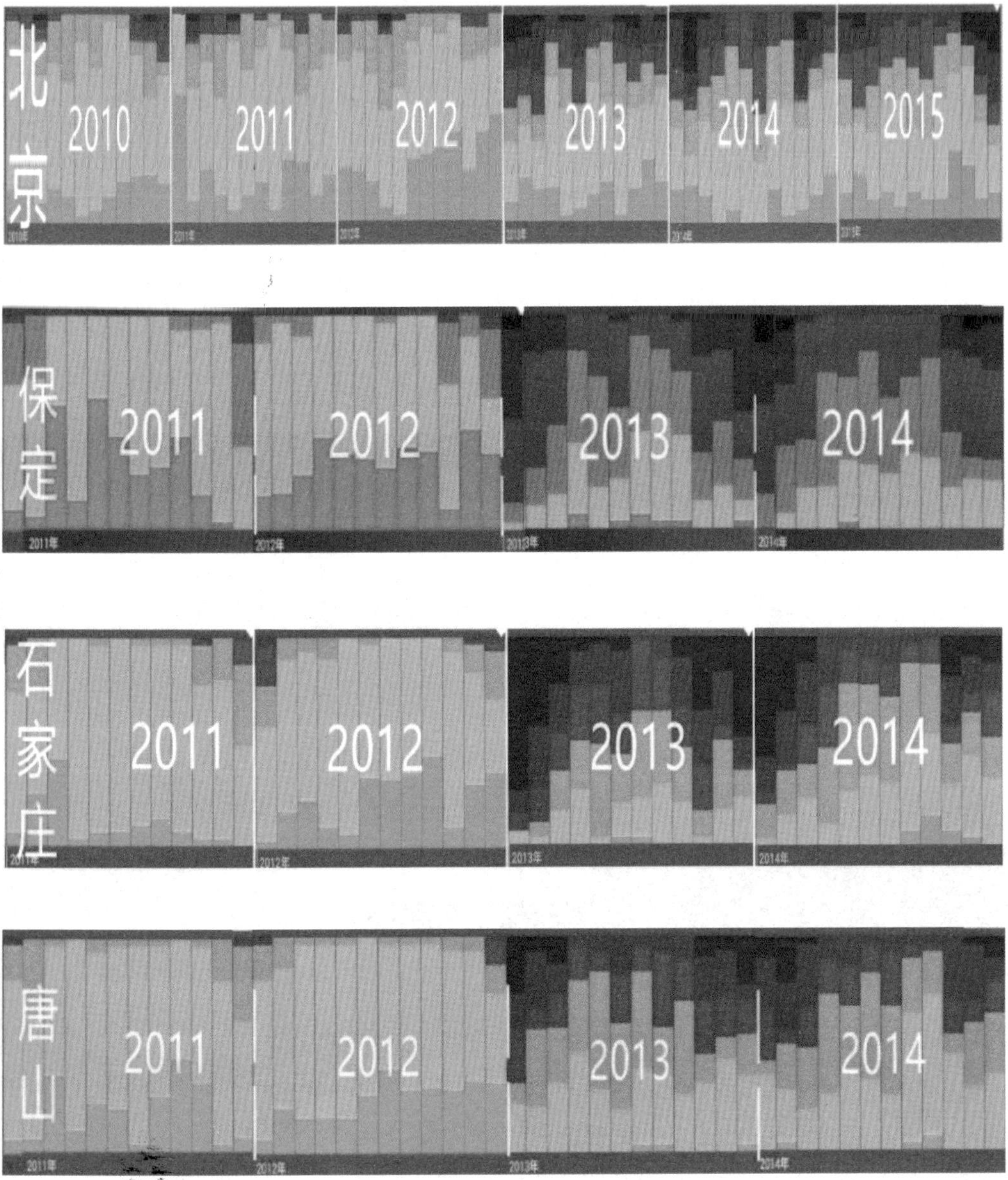

图12 北京、石家庄、保定、唐山近年逐月空气质量示意图（据"在意空气"APP）

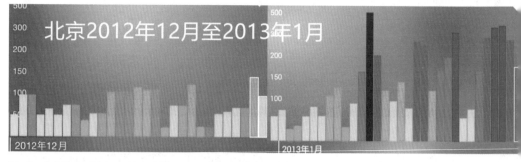

图13　北京境界剧变显示为2013年1月11—12日（据"在意空气"APP）

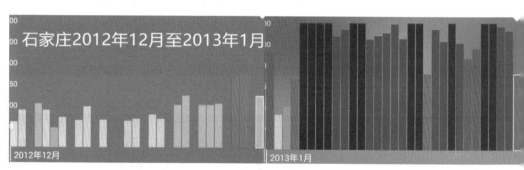

图14　石家庄境界突变比北京稍早，雾霾更其凶猛（据"在意空气"APP）

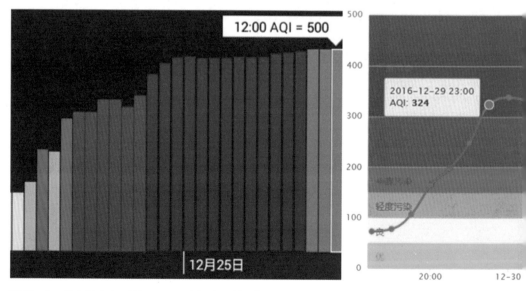

图15　左：北京2015年12月24~25日空气质量（据"在意空气"APP）；
　　　右：北京2016年12月29日晚逐时空气质量（据"真气网"）

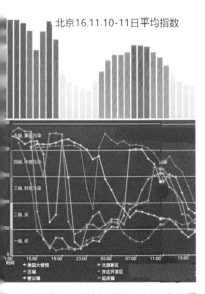

图16　北京2016年11月10~11日空气质量平均指数与站点指数曲线逐时对应（据"在意空气"APP、"全国空气质量"APP）

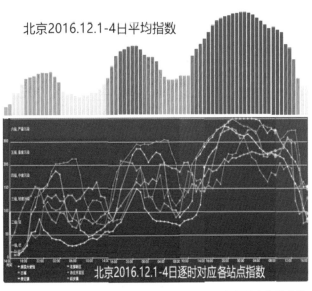

图17　北京2016年12月1~4日空气质量平均指数与站点指数曲线逐时对应（据"在意空气"APP、"全国空气质量"APP）

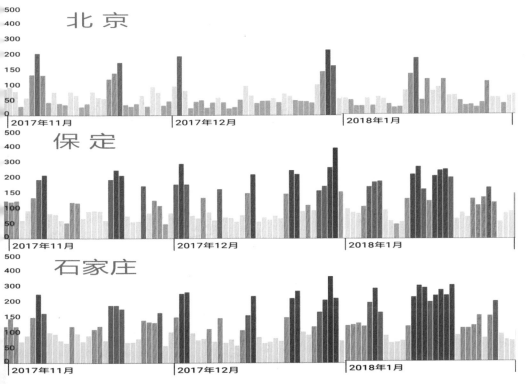

图18　北京、保定、石家庄三地2017年11月至2018年1月空气质量（据"在意空气"APP）

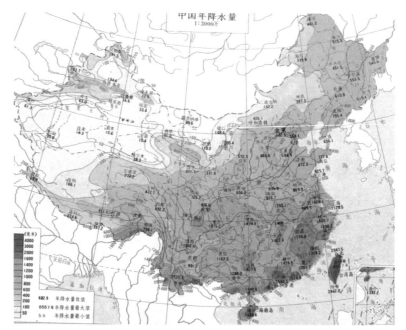

图19 中国年降水量示意
图（选自《中国地图册》）

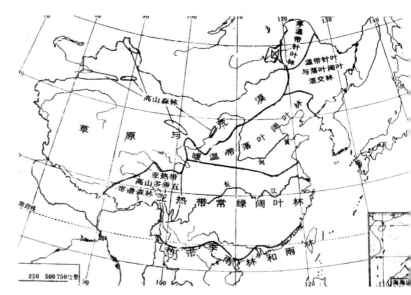

图20 中国森林分布
示意图（选自《中国的
森林》）

西山智库研究报告

雾霾战争，
如何打赢？

探寻雾霾之谜的
重大发现

金辉 著

中国青年出版社
CHINA YOUTH PRESS

图书在版编目（CIP）数据

探寻雾霾之谜的重大发现 / 金辉著.
— 北京：中国青年出版社，2018.5
ISBN 978-7-5153-4657-1

Ⅰ.①探… Ⅱ.①金… Ⅲ.①空气污染 – 污染防治 – 普及读物 Ⅳ.①X51-49

中国版本图书馆CIP数据核字（2018）第010588号

探寻雾霾之谜的重大发现

作　　者	金　辉
责任编辑	周　红
美术编辑	杜雨萃
出　　版	中国青年出版社
发　　行	北京中青文文化传媒有限公司
电　　话	010-65511270/65516873
公司网址	www.cyb.com.cn
购书网址	zqwts.tmall.com　www.diyijie.com
印　　刷	三河市文通印刷包装有限公司
版　　次	2018年5月第1版
印　　次	2018年5月第1次印刷
开　　本	787×1092　1/16
字　　数	113千字
印　　张	12　8页彩插页
书　　号	ISBN 978-7-5153-4657-1
定　　价	49.00元

目 录
Contents

3 常态大气污染与灾害性雾霾为两种不同境界。观念决定行为，认知锁定境界　　　　036

 4 "蓝天计划"曾使北京空气质量连续14年逐年好转，为何一夜之间近乎于前功尽弃？关键在于整体境界及其转变　　　　043

| 第二章 | **水气循环系统蕴藏雾霾生灭化变之奥秘，关要皆在自循环、微循环、自净化 047**

5

历来都认为是风吹霾散，然而扩散不等于霾的灭消。霾之灭现在
还是我们认知的盲区　　　　　　　　　　　　　　048

6

为何北京8月平均风力最小却空气质量最好？平常时日也在不停排
放为什么没有形成雾霾？　　　　　　　　　　052

13 长期依靠大量透支地下水发展经济，是现代人类的饮鸩止渴，乃断子绝孙之急功近利　　093

14 严重雾霾灾难从正反两方面警示我们：环境承载力的极限，也就是经济增长的极限，更是中华民族生存基础的底线　　099

第五章 正本清源还净土，东风不信唤不回——三大规律指导自然整体调治，利益复新生态系统　　143

前 言

Preface

重重雾霾令人心忧。雾霾灾难与我们每个人的每一口呼吸都息息相关，只要生活于这片土地，就没有人能够置之度外。

2013年伊始，严重雾霾突然覆盖燕赵大地并频繁发作，当时便感觉这种境界已经不同于一般大气污染，于是想到是水气循环系统出了大问题。那根子到底何在？反复审视系统整体，忽然直觉深层根因当是华北平原大面积地下水降落漏斗。开始并没有想深入研究，只是把这一想法转告有关专家，希望或可作为科研课题。权威专家一听：靠谱儿！然后因为国内外都没有相关理论，也就没有了然后。后来与朋友谈及此事，提醒说这个想法是你的创意，别人当然做不了，只有你自己来。切身之痛于霾灾肆虐，首先需要从道理上弄明白说清楚。因以立题命笔，五度寒暑五易其稿。

本课题研究起之于一个简单的疑问：在污染物排放量和气象条件变化都不大的情况下，为何严重雾霾会在2013年突然降临？现有理论不能解释这个问题，或许认为这不是问题。但正是在不是问题和没有问题之处，又不断发现新问题。比如，历来都认为气象扩散条件不利形成雾霾，然后只能等风散霾。可是雾霾最后都"扩散"到哪儿去了呢？如果污染物只有不停地排放加上随风扩散，而没有

· 019 ·

最终之灭消，我们的地球还能居住吗？再仔细观察，有时候没有大风和降水，严重雾霾竟然也会就地消失，这又是怎么回事？诸如这类问题，都无法从"外面"找到答案，只能自问自答。在追问的过程中，又发现我们认识雾霾的观念本身才是最大问题。我们现在认识雾霾的观念，实际上与引导我们追逐发展而陷入雾霾灾难的观念同出一源。囿于这种观念，我们能够看清雾霾吗？若没有新的观念资源，我们能够破解雾霾困境吗？如此问问而不止，见见而自新，几度追索与觉知的历程，便成为这本小册子。

本书为这一探索的过程和记录，也是想提出和展示一种新思路和新理念，着重从哲观、根本、一体和规律上认识雾霾，穿透观念之雾霾，探知存在真相。这是一项必须以自己的新发现为落脚点的挑战式研究，如同在没有坐标和道路的荒原上的探险之旅，迈出的每一步皆需自证自行。没有现代理论体系可依凭，所幸从古代经典偶得启发。本课题研究的破题，始于沉究《尔雅》之"天气下，地不应，曰霾；地气发，天不应，曰雾"，复通参《黄帝内经》之"地气上为云，天气下为雨；雨出地气，云出天气"而契入内境；以地天之气为认知原点，发现和建立起水气循环系统的理念；从地气天气的应与不应，鉴别出常态空气污染与灾害性雾霾之两大境界；从不同境界致霾污染物的不同生灭，发现了水汽微循环及自净化机制；从境界的自行转换，发现和提炼出自循环这一核心观念与根本规律。

"万物并作，吾以观复。"通篇以水气循环系统—自循环—微循环—自净化等新观念认识生态系统和解析雾霾，认为水气循环系统失能，是雾霾成灾的内因。华北平原地区长期大量超采地下水，与环境污染和生态破坏叠加，最终导致系统质变，以2012年冬至为临界转折点，从普通型大气污染境界骤然堕入雾霾常态化境界。灾害性雾霾频发，不仅是空气重污染问题，而且是整个生态环境重大危机的示警。我们的应对方略，也要从治理雾霾上升到探索整体调理恢复自然生态系统的治本之道。本书最后一章论述如何从根本入手，按照地气决定境界、植被决定降水和自循环系数决定水资源量等三大规律，地下、地表与空中三位一体补益恢复自然生态系统的调治设想。

时当2017年1月2日，北京等地正被一场严重雾霾所覆盖，"企业管理杂志"微信公众号发表拙文《没有大风，雾霾就地消失！它去哪儿了？来看看雾霾认知的新观念》，阅读量逾20万，"界面新闻"转发阅读量过百万，还有各种媒体转载与报道。人们对于雾霾的普遍关注，令人感慨系之：

雾霾笼罩九州悲，

水气循环藏几微。

正本清源还净土，

东风不信唤不回。

通观境界变化，灾害性雾霾不仅是空气重污染，更是循环系统失能的严重症状

CHAPTER 1

1

京津冀地区污染物排放量和气象条件的年际变化都不大，为什么突然从2013年开始雾霾成灾？雾霾的复杂因果，很多方面超出我们的现有认知

■ 北京重污染天数：2012年4天，2013年55天

从2013年起，以华北平原地区为主，大范围持续性雾霾在我国中东部地区频繁发作，严重劣化生存环境，危害人民生命健康，引起全社会的高度关注和普遍忧虑。人们都在问：雾霾究竟是怎么回事？我

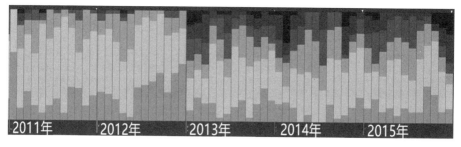

图1　北京2011年至2015年逐月空气质量图。图中自下而上绿色AQI指数为0~50，一级优；黄色为51~100，二级良；橙色为101~150，三级轻度污染；红色为151~200，四级中度污染；紫色为201~300，五级重度污染；紫红为300~500，六级严重污染；黑色为500以上，俗称"爆表"。（据"在意空气"APP）（彩色图片见书前彩插页，下同）

们应该怎么办？

根据"在意空气"APP公布的逐日图表统计，北京市2010年至2016年每年五级及五级以上重污染天数如下：

2010年为6天、2011年为5天、2012年为4天（这三年的数据与北京市年度环境公报的数据基本一致）；而2013年则突然高达55天，2014年为63天，2015年为61天，2016年为45天。（据北京市环境公报，2013年为58天，2014年为49天，2015年为46天，2016年为39天。）

关于重污染天气的成因，权威部门指出：第一，污染物排放量大是根本原因；第二，不利于扩散的气象条件是直接原因。（环保部，2014）这一解释简单明了，也合乎常理：若没有高强度的污染物排放，就不会有雾霾；如果风力较大、混合层较高，雾霾也不能聚集。

但是，雾霾为何从2013年开始"突然"严重起来？因为在实际上，无论污染物排放量还是气象条件，2013年前后都没有发生多大变化。

■ 污染物排放总量多年来都是逐年下降的总体趋势

从污染物排放这一"根本原因"来看，大致从21世纪初以来，京津冀地区排放总量便呈现为逐年下降的总体趋势。比如北京市2013年主要污染物二氧化硫、氮氧化物、化学需氧量和氨氮排放总量，比上年分别下降了7.25%、6.29%、4.30%、3.80%。（北京市统计公报）

对于产业和能源结构、违法偷排、环境监管等问题，以及统计数据准确度问题，各方已经有了很多关注和研究，故本文暂不讨论；我们在这里主要讲新的方面、新的问题。我们还应该注意这样一个基本事实：区域能耗总量为一个相对稳定的数值，因此，即使集合上述多种因素，污染物排放量也不可能在短时间内猛增若干倍。

有一点情况需要说明：2013年起中国实施新的环境空气质量标准，新国标增加了PM2.5监测指标。新旧标准的变化当会导致监测结果的差异；而国内外研究成果均表明，PM2.5在PM10中的占比变化与相关度皆有规律可循。（胡大源，2017）即使监测标准有所细化，不应也不会导致重污染天气相差十余倍。

再看气象扩散条件这个"直接原因"：北京及华北地区的气候，近年来也没有发生明显的剧烈变化。2006年至2012年，北京年平均风速为2.2米/秒；2013年至2015年年均风速为2.1米/秒。北京市常年平均降水量为585毫米，2006年至2012年年均降水量542毫米，2013年至2017年年均降水量562毫米。（北京市气候公报、水资源公报）

■ 焦点与困惑：境界的突然转变和雾霾的逆势骤增

图1显示的非常清楚，2012年12月之前与2013年1月之后，几乎完全是泾渭分明的两个世界。不仅是北京，整个京津冀平原地区，都是在2013年初突然发生了这种巨变，并影响到我国中东部许多地区。

雾霾为什么会呈现逆势骤增？毕竟近年来治理和监管力度不断加

大，还有经济结构调整和能源替代等诸多措施，按理说随着排放总量的递减，大气污染程度应该逐步减轻才对。

据《三联生活周刊》2014年11月《霾从何来》（记者魏一平）报道，研究雾霾的科学家也很困惑："为何最近两三年明显感觉雾霾问题越来越严重，其跳跃式的演进方式甚至已经超越了循序渐进的经济增长曲线，难道污染也有加速度吗？这也是科学家在苦苦追索的问题之一。"（《三联生活周刊》，2014）

这一变化不仅是重污染日数骤增，而且是一场又一场的持续性雾霾。京津冀地区2013年到2016年期间，每年大约有20多次明显的雾霾过程。再者，雾霾一来就是一大片区域，覆盖面积甚至多达上百万平方公里，这种现象也是以前基本上没有过的。

上文《霾从何来》引述中国环境科学研究院大气环境研究所所长孟凡先生的话说，他在20世纪90年代经常去太原、沈阳等严重污染的城市做调研，每次从太原火车站下车，只能看出去五六根电线杆，能见度比现在还差。但那时的污染还处于点状分布，比如首钢污染厉害，石景山能见度不好，可是爬到景山顶上还是能看到蓝天。但最近两年，点连成了片，片连成了面，整个北京，乃至整个华北地区同时都是雾霾，你开车走200公里还见不到蓝天，人的感觉就完全不一样了。打开一张美国PM2.5重点污染图，上面星星点点的红点并无规律，匹兹堡的工业污染、洛杉矶的机动车污染……相互之间仍然是独立的，并未连成片。

（《三联生活周刊》，2014）

■ 本研究立题基点：区分和探索常态大气污染与灾害性雾霾这两种不同的境界

种种迹象说明，2013年前后应该是截然不同的两种境界。

从普通空气污染到雾霾日数暴增，从点状污染到雾霾大范围笼罩，都属于境界性的巨大变化。本课题研究将这样两种不同的境界分别称之为：

常态大气污染境界与灾害性雾霾境界。

提出和区分常态大气污染境界与灾害性雾霾境界这两种境界的理念，是本课题的立题基点；关于这两种境界的解说和对比分析，也是本课题所要探索的主要内容之一。

因为污染物排放量与气象条件这两项导致重污染天气的最重要已知因素，基本无法解释以2013年初为界所发生的霾情巨变，所以我们需要另辟蹊径。在严峻的事实面前，我们应该意识到，灾害性雾霾的复杂因果，在很多方面都超出了我们的现有认知。

面对新的问题和新的挑战，我们的认识理应不断发展。

2

重霾轻雾，难识雾霾。从见雾与霾，到见天气与地气，再到见水气循环系统，然后见境界、见根本、见规律、见法则，我们的认知由是而深化而提升

■《尔雅》：天气下，地不应，曰霾；地气发，天不应，曰雾

雾霾、雾霾，没有雾，霾难以为灾。雾是霾的存在境界。所以，重霾轻雾，难识雾霾。

中国古人把雾分为两种：雾与霾。

《尔雅》解道：

天气下，地不应，曰霾（音盟）；

地气发，天不应，曰雾（雾）。

现代气象学定义：雾为近地气层中视程障碍的现象，由于大量悬浮的小水滴或冰晶造成水平能见距离小于1000米所致。当水平能见距离等于或大于1000米时，气象观测上称为轻雾。雾霾的形成，往往与逆温层现象直接相关。若从水汽与霾的比例上划分，湿度在90%以上称

为雾，80%以下称为霾，二者之间的叫作雾霾。

气象学的解释，是现代人对自然的认识。古人的解释，也是对自然的认识。现代人的认识较为直观，主要为现象描述，故易于理解。而对于一些古人的认识，则要经过我们自己的观察与思考，才会发现其中道理也很深。经过时间筛选而流传至今的诸多古代认知，不仅是知识，同时还是哲观。历代智慧的结晶，积淀凝聚而为历史文化财富。

雾与霾，也可以大致称为晴天之雾与阴天之雾：雾，地气发，天不应，即近地空间雾气弥漫而天上无雨云，通常大雾之后必天晴；而霾则可以说是阴天之雾，天气下，地不应，云气一直压到地面，却未形成降雨。雾一般过程较短，霾相对历时较长。

■ "天气"概念的表面化和"地气"观念的历史文化失忆。回归本来，以地气与天气作为认识原点，我们的思维境界和认知结果，当可步入新天地

从雾与霾来看，我们的古人不仅能对天气现象作精细区分，还有对内在原因的精准解说。

古人关于"天气"与"地气"的概念和界定，应该说非常重要。

古人所说的"天气"，与现代语境中的"天气"，从内涵到外延，显然都有所不同。现在我们经常使用的"天气"一词虽然可以泛指各种气象现象，但恰恰没有古人之"天气"观念中的实质。

至于"地气"，从概念到内涵，在现代汉语中则几乎完全湮灭和遗忘。这一历史之失忆，不仅是文化的损失，更局限了我们的眼界和认知。

对于我们认识雾霾来说，天气与地气的理念，当作为认知的原点。明白了原点，从本来开始，我们的思维境界、认识路径和求证结果，当可步入新天地。

而从本课题逐步展开的探索研究中，我们还可以感觉到，"天气"概念的表面化以及"地气"观念的阙如，不但从根本上制约了我们对雾霾的认识，实际上引导我们误入雾霾歧途的思想观念根源，也都隐含其中。

忘记根本，必然会出现根本问题。

■ 从雾与霾看天气与地气之应与不应，再看天地气水循环的四种气象境态：雨、霾、晴、雾

对于雾，我们认为是因为气象扩散条件不利，而古人看到的是天气与地气的相互关系及不同作用。

"天气下、地不应"与"地气发、天不应"，要注意这个"不应"。从雾和霾的自然现象中发现原因在于地气与天气之不应，而就在这个"不应"里边大有文章。所谓不应就是循环阻隔，系统不通，所以才会出现雾和霾这两种非正常状态。但既然有不应，必然还有相应。雾与霾之两种不应，其相对则为晴与雨之两种应。这样就有了天地气水循

环的四种气象境态：

天气下，地自应——雨；

天气下，地不应——霾。

地气发，天自应——晴；

地气发，天不应——雾。

古人用雾和霾这两个汉字，深刻发现并准确描述了两种特殊天气状态的内涵，并为后人定格了窥测自然循环系统"天机"的窗口。

■ 认知道路与思维深行：由雾霾而知天地气运及其规律，因不通而见循环系统及其法则

作者正是在"认识"了雾和霾这两个汉字之后，才能够看到和分辨天气现象中的两种雾；再从雾与霾的消长终始，逐渐看到和知见天气与地气及其通隔流变；而不断明白地气与天气的过程，即为发现和建立"水气循环系统"理念的认知道路，进而是见知规律、总结法则的思维深行。

由雾霾而知天地气运及其规律，因不通而见循坏系统及其法则。

我们说古人关于天气与地气的理念之所以非常重要，就在于通过观知天气与地气的周流循环，可以使我们透过表象见根本，透过分别见一体。通过虚在的气，超越实在的相，而展开思维境界的新天地。

一旦有了水气循环系统的境界观，再来看雾霾的生灭去来，看空气质量指数的起伏变化，尤其是对于系统整体的态势与境阶，则自然相对越来越清楚。

境界观是知见的视野，规律和法则是思维的根据和内涵。人类的观察角度多种多样，种种现象、数据和信息，主要在于如何解释。我们知见的根本观和一体感、贯通度和灵动性越高，则之认识越可能接近真实存在。

■《黄帝内经》与《尔雅》合参通观，天气与地气相因互果的循环系统和不同境态便开始完整而清晰

《黄帝内经》云："地气上为云，天气下为雨；雨出地气，云出天气。"将《内经》之文和《尔雅》的"天气下，地不应，曰霧；地气发，天不应，曰雾"合参通观，天气与地气相因互果的循环系统和不同境态便开始完整而清晰。

①云——地气上而通为云，云出天气：

地气发，天气应，为云（晴）；晴为升、发，水汽生化扬升协调活

跃正常。

②雾——地气发而滞为雾，雾欠天气：

地气发，天不应，为雾；雾为悬、滞，升发无力，水汽生多化少，滞留延长，形成雾气弥漫。

③雨——天气下而合为雨，雨出地气：

天气下，地气应，为雨；雨为降、合，水汽多聚合为雨滴，沉降顺畅。

④霾——天气下而塞为霾，霾欠地气：

天气下，地不应，曰霾；霾为浮、塞，降合无力，水汽生多凝少，化变减缓，形成霾气覆地。

简单而言，云升、雨降、雾悬、霾浮。

在晴天气候中，常态是蒸散持续，非常态为雾气悬滞。

在阴雨气候中，常态是雨雪凝降，非常态为霾气浮塞。

水气循环系统的自然常态中，升降通达，开合有序，水汽雾滴之升化降合充分而活跃，气象亦之正常。出现雾与霾的现象，即为循环暂时受阻而系统不通，表现为大量水汽雾滴的悬浮与聚集。

雾与霾，也都是自然现象，只是循环系统暂时停滞、部分失能的非常态。一般情况下，暂时的反常并不影响总体的正常。而这种偶尔的局部的反常，其实也属于整体运行变化之自然波动，所以也会较快地自然复归正常境态。

但如果是雾霾频繁光顾而成为常态，就说明循环系统失常而出了大问题。因此，灾害性雾霾多发不仅是空气重污染的问题，而且是水气循环系统病变的严重症状。对于这一境界性的重大变化，我们理当高度警觉。

3

常态大气污染与灾害性雾霾为两种不同境界。观念决定

行为，认知锁定境界

■ 境界差别观是认识雾霾的基本观念意识。境界不同，存在与规律等都不同

境界差别观是认识雾霾的基本观念意识。请看常态大气污染与灾害性雾霾这两种明显不同的境界。

人类排放污染物强度大，就会造成空气污染。普通型空气污染有两个特点：一是点状分布，面积一般不大，主要限于集中排放的工业区和主城区；二是如果努力减排，就能够明显见效。

图2为南亚和中东地区大气污染卫星图。图中深色的地点基本属于普通型空气污染，为明显的点状分布，大城市和工业区的指数经常会很高，但严重污染区域的范围一般相对不大。

普通型大气污染严重的区域范围一般比较明显，如以前北京的首钢一带。还因为这些区域的硬化表面多、植被和水面少，循环系数本来就低，而排放强度又大大超出自身环境容量，所以往往成为重污染地区。再如兰州、太原等特殊地形的城市，工业布局不合理，致使空气污染经常很严重。

灾害性雾霾则是大面积笼罩蔓延。因为相当区域的天气与地气阻塞不通，循环系统陷于相对停滞失能，严重雾霾经常会大范围弥漫，动不

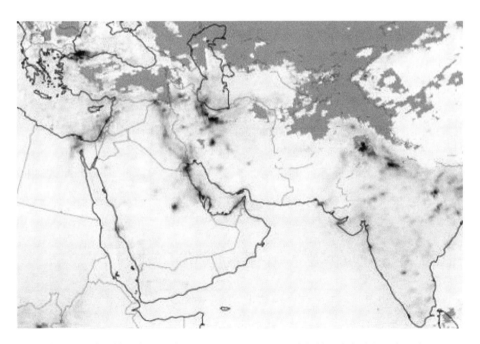

图2　为南亚和中东地区大气污染卫星图。显示了亚洲西南部地区大气中的二氧化氮（NO_2）浓度，橙色区域表示NO_2的相对浓度，而灰色区域表示数据缺失（原因可能是云团的遮挡）。图中橙色深的地点基本属于普通型空气污染，为明显的点状分布，大城市和工业区的指数经常会很高，但严重污染区域的范围一般相对不大。

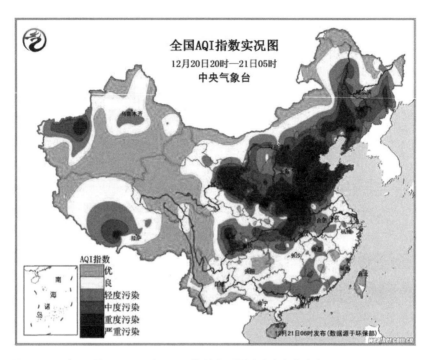

图3　2016年12月20～21日全国AQI指数实况图（中央气象台）

动就是几万几十万平方公里甚至面积更大。2013年以来华北平原地区便是这样的典型境态，说明区域整体生态循环系统已开始落入恶性循环。

■ 两种境界之间的过渡状态，其发展演化趋势值得注意

另外，处于普通型空气污染与雾霾常态化二者之间，还有一种过渡状态，即循环系统偶尔性失能与部分失能。京津冀地区大致是从世纪之交，开始步入过渡状态之交替期，然后在2013年初，突然跌入灾害性雾霾的恶性循环。我国中东部地区的黄淮平原、汾渭平原、东北

平原、长江中下游平原和长三角等地，近几年时而表现出近似于上述两种类型之交替的状况，有的甚至已经基本上演变为雾霾常态化境界。这些发展变化趋势，特别值得注意。

20世纪90年代北京的大气污染，一般边界都比较清晰，而且大都只是在城区的三四环之内，像扣着一个锅盖，高度通常也较低。再有就是石景山首钢一带经常烟尘弥漫。那时北京城区和首钢的污染，各自相对是孤立的，同时也基本影响不到上风上水的西山八大处和香山。即使偶发较大面积雾霾，那边厢几番雾浮霾悬，西山上照样云淡风轻。而进入2013年之后，对于从普通型大气污染到灾害性雾霾的境界性变化，身处西山感受就非常明显。落到了雾霾常态化的境界之中，再也没有什么净土和旁观者，都是同城同等待遇，皆在雾霾中同呼吸共命运。

■ "如果可以选择，你是想要北京的蓝天，还是想要河北人不挨冻？"——人们以为这是治理雾霾的两难困境，实际上恰恰是观念陷阱和思维锁定

深入认识灾害性雾霾，需要有境界观。一般思维的关注点都在具体的事物上，容易看到千差万别的物相。即使所见差别再大，也认为只是现象、程度或数值的不同，而很难看到境界之转变。其实，境界决定存在，不同境界有不同规律，规律主导着存在性质及其变化。南橘北枳，所以者何？水土异也——此即境界使然。

图4　雾霾初罩北京城（2013年4月8日作者摄于北京西山）。当日下午霾气团开始聚集于北京城区中北部，而后蔓延一两小时即与西部北部山体基本连成一片。再后来起北风，5级至6级，所以这次雾霾未成气候。

我们的认知模式，决定了我们所看到的东西。所以，我们看到的往往只是自己想看的，而不是原本的事实存在。而且，观念决定行为，认知锁定境界。我们头脑中的观念，不仅局限了我们的眼界，也束缚了我们的作为和存在境界。

研究问题是为了获得更深入的认识，而认识结果则直接关系到对策与行动。如果说灾害性雾霾主要就是污染排放与气象条件这两个原因，那么雾霾问题的解决，当然就看减排治理的方法和力度。

据《凤凰周刊》报道，2017年入冬之前，为确保控制污染目标的实现，北京和华北等地推行严厉禁煤令。但因为煤改气、煤改电未及时完工，或气源和电力供应不足，致使北京、河北、河南、山东、山西、陕西等地，都出现没法取暖做饭、学生挨冻的情况。后来政策有所调整，恰巧12月28日至30日，华北等地遭遇一场较严重雾霾过程。这篇题为

《雾霾来了，我竟"期待已久"，希望他们可以温暖过冬》（作者尤勇气、赵福帅）的报道发问："如果可以选择，你是想要北京的蓝天，还是想要河北人不挨冻？"（凤凰周刊网，2017）

该文尖锐呈现了治理雾霾的两难局面：

"随着近日环保部和国家发改委接连发文，燃煤取暖可重新启用。风一停，煤一烧，今天的雾霾并不令人意外，甚至让我'期待已久'。因为当你发现，北京的蓝天是靠河北人挨饿受冻换来时，雾霾便意味着寒风中的人们，终于可以温暖过冬了。

"蓝天和温暖的两难选择，未来或将继续撕扯着我们的内心。或许，这便是今年冬天留给我们最难的一道选择题。若让我选，只要能让河北人不挨饿受冻，我宁愿暂时戴回口罩，等风散霾。"（凤凰周刊网，2017）

人们以为这是治理雾霾的两难困境，却没有意识到这实际上恰恰是观念陷阱和思维锁定。

若困于"排放—扩散"这一认知模式之中，既然对于气象条件无力回天，人的作为于是全部都集中到减排这一个方面。而问题又在于，在控制和削减排放这一领域难以常下猛药。因为能源结构调整和产业转型是一个长期过程，临时措施难起沉疴，毕竟整个经济社会活动无法持续大幅度消减。那么，就难免落到另一端上，无论雾霾之去来，似乎都只能等风靠天。

陷阱其实在人们自己的看法。破解两难困境首先要明白我们自己的观念。

深入研究雾霾生灭去来的机理机制，真正见根本、见境界、见规律，应该能够发现在"排放—扩散"这个模式之外、之中和之上，都还"天外有天"。

廓清观念雾霾，自然见到真相。

明白真实存在，出路就在眼前。

4

"蓝天计划"曾使北京空气质量连续14年逐年好转，为何一夜之间近乎于前功尽弃？关键在于整体境界及其转变

■ 北京的"蓝天计划"期间即为常态大气污染及其治理结果

本课题研究之所以比较注重灾害性雾霾与常态空气污染这两种境界的区别，因为不同的境界有不同的规律法则和模式，污染物的存在状态、变化形式和生灭途径自也不同。

下面我们来看一下常态大气污染及其治理结果。20世纪90年代，北京的大气污染曾经相当严重，1998年北京的污染天数曾经高达141天（按旧国标）。同年开始启动以治理空气污染为目标、以减排为主要手段的"蓝天计划"。在经济不断发展、能源消耗总量逐年增加的情况下，还是成功控制和逐步削减了污染物排放量。1998年北京市能源消耗总量为3808万吨标准煤，2012年为7177万吨，增长188.5%；而二氧化硫、二氧化氮和可吸入颗粒物（PM10及以下颗粒）浓度，2012年则比1998年分

别降低了77%、30%和42%。污染物排放量逐步减少，污染天气亦随之递减：2006年重污染天数减少到24天；2011年重污染天数为5天，一二级优良天气284天；2012年重污染天数仅为4天。（北京市统计公报）

以空气质量指数作为衡量标准，1998年至2012年北京市实施蓝天计划期间，实现了连续14年空气质量指标的逐年好转，说明对于普通型大气污染，只要抓好产业升级和能源替代，严格控制和削减排放，就能收到显著效果。

但是，时间转到2013年，就像遭遇黑洞，此前的努力似乎全部白费，所有的成绩犹如归零。尽管2013年以来的减排治理力度比以前更大，排放总量也比那时逐年削减更多，但是整体空气质量还是明显不如2012年之前。

■ 要认识和根治雾霾，应该注重境界，注重循环系统，注重生态环境整体

为什么会是这样？原因就在于：境界变了，标准和规律皆变，乃至存在亦变。对于普通型空气污染，减排措施很管用，从空气质量指标上看，治理也很见效。但是，毕竟能源资源消耗总量过大，而且逐年递增，对生态环境系统的扰动、破坏和压力都在积累，尤其是关键内因的持续恶化，致使水气循环系统的内在机制不断削弱。在这种局部有所改善、总体还在恶化的大境界之中，尽管蓝天日数每年都在增

加，情况似乎越来越好，实际上却是越来越逼近系统承载极限的临界点。而一旦跌落至恶性循环的境界，即使仍然用空气质量这一单项指标衡量，那十几年的减排治理努力也近乎于前功尽弃。

时过境迁，现在再来谈论当年治理措施的对错功过，已经没有意义。如果说有意义，则是昨日之因，终成今日之果。而对于现在和未来，我们尤其应该意识到，今日之因，复为明日之果。我们今天正在承受雾霾灾难之苦果，为了明天，切莫再错因果，贻误历史时机。

现在我们都是用空气质量指数来界定雾霾。但空气质量指数只是雾霾的一项指标，而雾霾又只是水气循环系统失能的一个症状。所以，即使这一个指标有所好转，也不能视为整体系统真正恢复正常。要认识和根治雾霾，还应该注重境界，注重循环系统，注重生态环境整体，功夫要下在系统和整体上面。

■ 2013年以前排放量比现在还大，为何基本没有严重雾霾？可见雾霾的真正原因不在污染物排放量，而在于天地循环系统之通塞境态

灾害性雾霾与普通大气污染有共同性，同时各有其特殊性。其特殊性，决定了主要矛盾的主要方面，决定了事物的不同性质。我们既要研究大气污染的共同性，还应该研究灾害性雾霾的特殊性，明了特殊性与普遍性的相互作用及境界差异。本质和规律是眼睛看不见的，要透过现象悟见本质，洞察化变而发现规律，进而认识和化解雾霾灾害。

2013年以前的排放量虽然比现在还大，但是并没有这样严重而频发的雾霾。即使是2013年以来，常量之排放一直在持续，在多数时间段也没有形成灾害性雾霾。可见，雾霾的真正原因不在污染物排放量，而在于天地循环系统之通塞境态。循环系统失能，便会出现雾或霾，进而导致雾霾灾害。而即使是污染物零排放，若雾与霾的反常现象持续与多发，同样是水气循环系统的严重病态。

如是观之，便可发现境界的重要性。实际上更为关键的是我们自己的境界观。从境界才能看到根本，明白根本即可把握境界。以境界观来看气象扩散条件与雾霾，同样会发现新的问题。假若患者离开呼吸机便不能自主呼吸，虽然其临床症状与呼吸机直接相关，但是病因显然不在呼吸机之有无，也不在呼吸机是否给力。人体本身的呼吸循环系统及其功能，才是根本之所在。

问题由是开始清晰：对于严重雾霾，气象扩散条件不利可导致病症明显发作，而污染物排放量大则会使其雪上加霜。即如一嗜酒者，平常干一斤白酒也没事；但若突发肝坏死，喝二三两之症状便可要命。所以，关键还在于整体境界及其转变，在于水气循环系统的正常与否。

那么，这种称为"灾害性雾霾"的境界到底是怎么回事？

华北平原区为什么会突然发生这种境界性的剧烈转变？

为什么这一境界转变会发生在2013年之交？

这种模式转换的机制何在、境界突变的根因何在？

水气循环系统蕴藏雾霾生灭化变之奥秘，关要皆在自循环、微循环、自净化

CHAPTER 2

5

历来都认为是风吹霾散，然而扩散不等于霾的灭消。霾
之灭现在还是我们认知的盲区

■ 水平扩散、垂直扩散和降水携带等等都是讲"气象扩散条件"，那么雾霾最终都"扩散"到了什么地方？

一次严重雾霾经常持续数天，天昏地暗，令人窒息。有网友悲鸣：等风都等疯了！

通常认为雾霾之所以发生，就是因为气象扩散条件不利，主要是没有风；而雾霾结束则是老天刮风之所赐，大风终于把污染物都给吹走了。

虽然从来没见有人质疑过"风吹霾散"的观念，我们在这里还是要问上一句：雾霾结束时大气中聚集的悬浮颗粒物，果真是随风扩散了吗？它们最终都"扩散"到了什么地方？

按照气象学理论，大气污染物的消散共有三种途径：水平扩散、垂

直扩散和降水携带。风力把污染物从本地推送传输到异地叫水平扩散，污染物飘散到上空叫垂直扩散，雨雪对污染物的清洗作用则为降水携带。不论是风力之强弱，还是混合层边界与逆温层高度，抑或是降水与否，所说的这些都被视为"气象扩散条件"，人们的关注点都在"扩散"作用上。而问题在于，污染物的扩散并不等于其最终归灭。按说，作为细颗粒物之存在，在此地是PM2.5，"扩散"到别处还是PM2.5；在五级重污染的地方是PM2.5，"稀释"到了一级优的环境中还是PM2.5。但是，悬浮颗粒物不可能在生成之后，就始终作为颗粒物而存在。生成后它肯定要变、要化，最后它注定会消、会灭。无生有，有归无，一切存在物必然如此。这本是自然规律。

逢霾必称"气象扩散条件"，显然不够全面。因为，准确地讲：

扩散——为位置的移动，不等于消失；

稀释——为浓度的降低，不等于化灭。

上述三种污染物消散途径中，只有降水携带这一种方式基本上属于污染物的降解。而关于降水携带，问题又有如下两点。第一点，从监测数据可以看出，直接降雨消霾的比例相对不是很大，速度也相对较慢。在霾的灭消过程中，风的作用通常比雨明显要快，有时微风静风往往都比降雨要快。第二点则更为重要：降水对悬浮颗粒物的直接降解，时间和地域都比较局限。比如冬春季节往往雾霾频发，恰恰这个时期降水相对较少，而那一次又一次接连爆发又不断消失的灰霾，显然不可能是被有限的雨雪所全部收纳。由此亦可推知，其与降水携带的直接相关度应该不是很高。

■ 如果说只有排放与扩散而没有终归之灭消，过去几年几十年的累积排放，早已使地球无法居住——可见只讲扩散的观念于理不通

自然循环系统包含了无生有、有化有、有归无的完整境界。人的认识就是要把握事物的生—存—化—灭之运动全过程。就致雾霾之污染物而言，源排放为其生，风力吹为其散。若只讲其生与其散，还不能构成完整的循环境界，而只是一个残缺的非对称结构。

想到从生到灭的完整过程，我们自然会发问：一场严重雾霾结束时，那么巨量的霾一下子全部消失了，它们都扩散和转移到哪里去了呢？一次大范围雾霾过后，一时间全国的陆地和近海，可以几乎都是优良级别。所以，从现象上就可以看出，这次雾霾中的那些污染物显然都已经被降解消除掉了，而不是扩散和转移到了更远的其他什么地方。至于下一次雾霾过程，则又是新生污染物的重新聚集。

我们还可以再继续追问：过去几个月、几年、几十年持续排放的污染物呢？如果污染物始终是在大气中随风扩散而没有终归之化灭，则势必会不断积蓄富集。不要说工业革命几百年来的累积排放，即使现在全球几年甚至几个月的持续排放量，地球之毒化程度也会堪比金星，我们人类早已根本无法居住。

——对于这个明显的结论和问题，应该怎么解释呢？

既然从现象上我们就可以看到，持续排放的污染物并非始终是在大
气中不断积累聚集，那么就说明它们肯定自有其化灭方式和终归处所。

悬浮颗粒物到底是怎么化灭的？

霾的存在条件是什么？

霾的化变境界是什么？

霾的生灭规律是什么？

霾的降解机制是什么？

霾的归处究竟何在？

我们看到，相对等量的污染物排放一直都在持续，而雾霾却是或
有或无、或重或轻，那么，显然是相应的降解机制和净化功能出了问
题。——是的，是降解机制，而非扩散条件；是净化功能，而非稀释
方式。

新的问题又来了：霾之灭即大气中污染物的最终归灭，现在还是
我们对于雾霾认知的盲区和研究的空白。

6

为何北京8月平均风力最小却空气质量最好？平常时日
也在不停排放为什么没有形成雾霾？

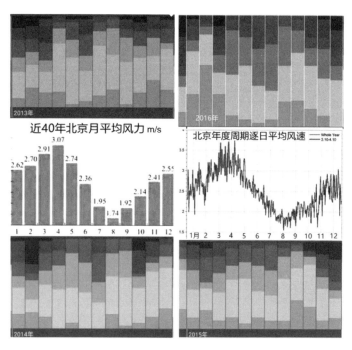

图5　北京逐月及逐日平均风力与2013年至2016年逐月空气质量对
照（根据网络资料组合）

■ 空气质量与平均风力之无法对应，说明我们实在不清楚大气污染物的内在降解机制

图5这两组图表，非常有意思，也非常重要。

该图表显示，北京多年逐月与逐日的平均风速总体变化规律相当吻合，同时，北京近年来雾霾的月份和季度变化也大致有一定规律。

据"近40年北京月平均风力"图表统计，月均值为2.43米/秒。按月统计，每年平均风力最大的月份是4月（3.07米/秒），风力最小者为8月（1.74米/秒）。

2013年至2017年，北京空气质量最好的月份，2013年、2014年和2016年、2017年都是8月，2015年是9月；空气质量最差月，2013年和2017年是1月、2014年是2月，2015和2016年都是12月。

从季度看平均风力，第一季度（2.74米/秒）最大，第二季度（2.72米/秒）较大，第四季度（2.37米/秒）居中，第三季度（1.87米/秒）最弱。

2013年至2017年北京雾霾的大致趋势为，第一季度和第四季度空气质量相对较差，第三和第二季度空气质量较好。

这样，我们就可以从统计学上得出平均风力与空气质量的如下对应结果：

8月平均风力最小——8月空气质量最好。

一季度平均风力最大——一季度空气质量较差。

本课题研究之所以质疑"风吹霾散"的观念，这可以作为一个很重要的客观事实根据。——但是说实话，作者也是在反复破解和证伪了风吹霾散的观念之后，才"忽然发现"了平均风力与空气质量居然不能对应这样一个再明显不过的事实。

空气质量与平均风力之无法对应，这个客观事实对于权威观念显然具有某种颠覆性。这也实实在在地说明，我们实在不清楚大气污染物的内在降解机制。

通过平均风力与空气质量的对照，还应该有一点启示，它可以让我们看见自己的看法，意识到许多我们以为是客观事实的东西，实则仅仅是我们头脑中观念的认定。也许正是各种各样听说来的、被我们当真的观念看法，左右了我们的思维和眼睛，使我们看不到显而易见的事实，难以认识真实存在。

■ 平常境界中深藏着我们认识雾霾的奥秘，更有着我们治理雾霾的根据

那么，除了风力等气象条件和污染物排放量之外，到底是什么在决定着灾害性雾霾的去来生灭？

还有一个显而易见的简单事实，可能都被我们忽略了：无论污染指数如何起伏，无论空气质量怎样变化，实际排放量基本上都是比较恒定的，那为什么雾霾却是时有时无呢？

到了雾霾大污染指数一路攀升，人们才感觉到霾的存在。但是，在没有大风、没有降雨、也没有雾霾笼罩的时候，始终不停排放出来的污染物呢？

我们为什么基本感觉不到它们的存在？

它们为什么没有聚集为讨厌的雾霾？

优良天气不依靠刮风而得以持续，这就是区别于雾霾境界的相对正常境界。

正常境界大有文章。这种正常境界经常都会有，我们也应该经常能够感受到它的存在；但我们更应该意识到它的价值，因为就是在平常境界中深藏着我们认识雾霾的奥秘，更有着我们治理雾霾的根据。

既然在这种经常存在的正常境界中，同样排放的污染物并没有演变成为严重雾霾，故而，我们应该就能够有办法促成这种正常境界更多、更长久、更经常，而尽量不让雾霾境界成为主导。之所以能够这样做的根据，就是在2013年之前，华北平原地区主体上一直都是这样的正常境界。雾霾常态化，只是近几年的反常现象。从反常复归正常，不仅应该，而且必要。因为，自然循环系统本身就是要正常自然运行。若自然不自然，则人类最麻烦。

■ 透过空气质量指数消长轮回的现象，认识循环系统内在的机制机理

再者，空气质量指数的消长轮回又在说明着什么？

不论是从像北京这样一座城市的范围看，还是从华北这样的大区看，尽管污染物排放量基本不变，但是空气质量指数却变幅很大。近年来，雾霾频繁来袭，即使指数经常会攀升至严重污染的高位，但过后还会回落而下。雾霾天气过程一次又一次出现，整体空气质量又一次一次大体归到优良。从较大区域来看，每一场雾霾聚集的悬浮污染物，在这轮雾霾过程结束时，就已经基本都被降解清除掉了，而显然不是乘风扩散还在继续旅游。

空气质量指数的消长轮回只是现象，需要我们深入认识的，则是导演这一消长轮回的自然循环系统及其内在机制和机理。

7

探求致霾污染物之"消"。境界规定存在：霾的三态归宿与五种灭法

■ 没有大风和降水，也没有扩散与转移，请看严重雾霾如何就地自消

历来讲"气象扩散条件"与"风吹霾散"，着眼点都在"散"；而本课题研究则意在探求致霾污染物之"消"。

在人们的印象中，雾霾消散皆为风力作用的结果，而且污染物理所当然都是被吹到了下风地区。但实际上，雾霾结束境界的过程与形式多种多样。——请注意，我们在这里强调的是"雾霾结束境界"。

图6为2017年12月31日华北及东北地区雾霾结束过程示意图，具体时段为当日9时至14时，六幅截图每幅时间间隔为1小时。大约9时至10时许，从东北区到华北区先后开始转入雾霾结束境界，雾霾区域污染物浓度普遍同步弱化减轻，呈现为几个相对严重的中心区域不断向心

收缩，最终渐次终结。以天津为例，9时西南风一级，全市平均综合指数为335（图6-1）；10时东南风一级，指数346（图6-2）；11时西南风一级，指数294（图6-3）；12时南风二级，指数228（图6-4）；13时西南风二级，指数195（图6-5）；14时西风二级，指数129（图6-6）；15时西南风一级，指数93。尽管风力风向都属于非常"不利于扩散"，但全市几个小时之内便从六级严重污染降至二级良。

这是一次比较典型的"就地霾消"。本次雾霾结束过程的总体气象条件为无持续风向微风，也没有降水。从每隔一小时一幅的连续动态监测图可以清楚地看到，华北和东北两大雾霾区聚集的污染物，既没有从本地向外地传输和转移，也没有从中心向周边扩散和稀释，而严重雾霾就这样不可思议地消失了。人们不禁要问：如此天量的雾霾，最终都去哪儿了呢？但实际情况又再明显不过，所有那些灰霾竟然哪里也没有去，而就是大面积的、普遍的、自行由浓而淡，从有归无，最后就地灭消完事。

■ 知道了雾霾实质上都是自消，也就明白了各种各样的霾之灭消；其他外界因素，不过是增加了形式变化

我们之所以选择这次雾霾结束过程作为分析样本，是因为看这样比较"纯粹"的霾消案例更为简单明确，可以不被风力驱散、异地传输、气象条件不利等其他因素所干扰，而是直奔污染物降解之主题，直接

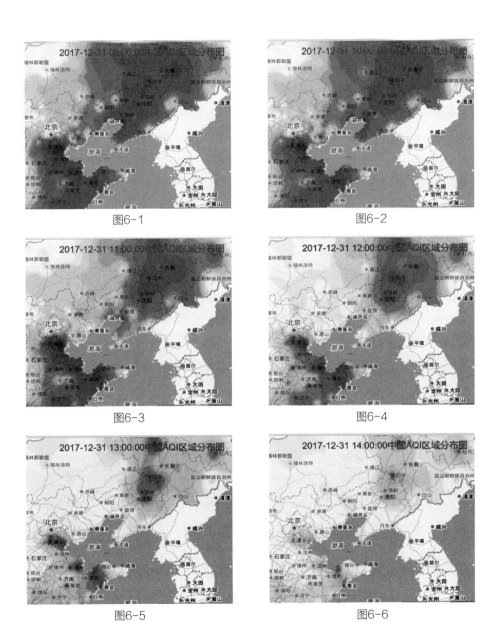

图6　2017年12月31日华北及东北雾霾结束过程（据"真气网"）

看霾归何处。只要我们清楚了这一种形式的霾消，知道了雾霾之消实质上都是自消，也就明白了各种各样的霾之灭消。至于其他各种外界因素，不过是在雾霾自消内在机制的基础上，增加了一些时间与空间、样式和程度的各种形式变化，仅此而已。

霾之消，也就是悬浮颗粒物的降解、清除，即霾之灭。雾霾结束过程中的悬浮颗粒物之消，大致可以界分为如下四种情形。

消之一：微风霾消。即风力在0级至二级的静风和微风条件下，本地雾霾自行消失。前面分析的华北及东北的雾霾结束过程即为此类。

消之二：风前霾消。即风力加强到三四级之前的一段时间，本地雾霾已经基本消失。

消之三：风到霾消。即三四级或更大的风一到，本地雾霾即行消失，而基本没有转移传输到下风地区。

消之四：随风霾消。即霾气团随着风力在相对明显移动过程中的逐步消失。——这里的随风霾消不同于随风霾散。通常所说的随风扩散，只讲了悬浮颗粒物的一段移动过程而不知其所终，所以不具备霾之灭消的内涵。

上述四种霾消，从现象上看是按照与风的关系所做的分别。而霾消的实质，则在于境界及其转变。

就境界而言，这四种霾消都属于从雾霾境界到相对正常境界的转换。前三种霾消为境界已经转变，即本地从雾霾境界比较迅速地转换到了相对正常境界，所以霾能在就地迅速消失。第四种随风霾消，由于从雾霾境界到相对正常境界的转变有个比较明显的时空过程，因此霾气团是在从此地到彼地的转移传输过程中而逐渐散淡消失。亦因本地与异地之具体雾霾境场的大小强弱等差异，于是有了移动距离远近与传输比例高低之别。

除了各种霾消，事实上当然还存在着雾霾的扩散传输现象，比较明显的有如下两种情形。

一种是霾的弥漫和外溢，即高浓度区域向周边低浓度区域的蔓延、覆盖，为雾霾严重区域的扩展以及推演往复。从境界上看，说明本地和周边地区都处于雾霾发展上升的境阶。所以，这种扩散实际上是霾的生发。

第二种是霾的稀释和分散，即聚集浓度的降低，扩散分布到更大的区域，为悬浮颗粒物浓度的淡化。从境界上看，说明本地基本处于雾霾停滞和相对减弱的境阶。如果讲扩散的本义，这种稀释散布才是名副其实的"扩散"。

■ 污染物的生灭模式和变化规律都被存在境界所规定

这样我们便可以看到境界的重要性：存在境界不同，污染物的生灭模式和变化规律都有所不同。

主要就是因为其存在的境界不同，等量排放的污染物，在正常境界，造成的是普通型空气污染；而在反常境界，导致的是灾害性雾霾。

从存在境界上推论，大气中的悬浮颗粒物，理论上应有三态归宿：

① 沉降归附于下垫面——降归固态；

② 被雾滴俘获溶于水体——溶归液态；

③ 解体而气化——化归气态。

我们已经列举了四种霾消，即微风霾消、风前霾消、风到霾消和随风霾消。四种霾消都处于从雾霾境界到相对正常境界的转换时空。但这还不是悬浮颗粒物之灭消的全部。因为，还有一个相对正常的境界。

在平常时日，若优良天气得以持续，就说明照常排放的污染物，基本上都是在本地被降解掉了。无论风力大小、晴天阴雨或是混合层与逆温层之高低，只要空气质量相对正常，即说明观测区域的自动降解量与持续排放量基本相当，即污染物的生与灭大致对等。对于这种情形，我们可以称之为"生灭相当"，或是"随生随灭"。

所谓生灭相当与随生随灭，是相对于雾霾境界而言。在雾霾境界中，基本同样的污染物排放量，之所以会导致空气质量综合指数的节节攀升，无非在于三点：一是二次生成比例的增加，二是当下的排放没有得到较快降解而不断累加，三是异地污染物的传输推送。由此即可反推，相对正常境界中持续排放的污染物，基本都在本地得以较快降解。因为悬浮颗粒物的存在时间和移动距离，较之雾霾境界中应该都要短得多，故可相对称之为随生随灭。

■ 系统包含着自动降解污染物的内在机制，还能够从雾霾境界自动转换到正常境界

梳理霾消现象之种种，我们还可以发现其中隐含的两个关键之点：

第一点，这意味着系统包含着自动降解污染物的内在机制；

第二点，还表明系统能够从雾霾境界自动转换到正常境界。

从理论上说，悬浮颗粒物之归灭，便有了"三态归宿"和"五种灭法"。

- 三态归宿：降归固态、溶归液态和化归气态；
- 五种灭法：微风霾消、风前霾消、风到霾消、随风霾消和随生随灭。

人类的认识是要认识事物的发展变化规律。而为了认识规律，人的认识本身首先需要符合规律。我们研究客观存在，要获得完整而正确的认识，就要知道其有无终始，知道其化变行止，知道其存在境界，知道其规律法则。

所以，对于雾霾和致霾之污染物，我们要看其生，而寻其克；见其存，而转其化；明其在，而导其境；知其终，而促其灭。

霾的生化很复杂，霾的归灭也很复杂。复杂主要是因为境界。

所谓境界，便是我们下面所要探讨的"水气循环系统"。

8

水气循环系统是认识雾霾的根本；微循环则是雾霾生灭
的关键——而微循环贯穿于水气循环系统的所有时空

■ 水气循环系统中的宏观与微观：宏观为地气与天气的大循环互动，微观为水汽雾滴生灭化转的微循环

在自然系统的诸多物质能量循环中，水循环极为活跃，几乎参与各种循环。

在现代气象学的视野中，地球上的水往复于天空、地面和地下，转化于气态、液态和固态之间。太阳辐射使水从海洋和地表及植物表面散发变为水汽，水汽随气流运动而被输送，再凝结降为雨雪，产生径流，汇入河川，流入海洋。气象学称海洋同大陆之间的水分交换过程为大循环；海洋或大陆上的降水同蒸发之间的垂向交换过程为小循环。

水从液态蒸发为气态时，体积膨胀约16000倍，凝结时体积则同比收缩。蒸发膨胀而凝结收缩，气态多升而液态多降，在昼夜往复、四

时轮回、万物生灭、沧海桑田的时空境界中，水气循环系统作用演化出我们这颗星球的万千气象。

气象学讲"水循环"，根据区域范围而定义水循环之大小；本课题研究则讲"水气循环系统"，故还要以宏观与微观、隐与显、内与外、自与他来界定其层级循环系统。水气循环系统中的宏观为地气与天气的大循环互动，微观为水汽雾滴生灭化转的微循环。同时，跨区域的大循环为外循环、他循环，本地和局地的小微循环为内循环、自循环。蒸发与降水—径流等组成区域之间的大循环，本地的小循环乃至更多的局地微循环，则以蒸散与凝结—吸附的形式为主。蒸发与降水为显在之大循环，蒸散与凝结—吸附则为隐在之小循环和微循环。

对于原本完整的水气循环体系，人们多注意蒸发与降水—径流等外在的显性大循环，而不见地气与天气的隐性大循环，同时也忽略了蒸散与凝结—吸附为主的隐性之本地小循环和局地微循环。

同样，空气流动也是层级众多，大气环流、冷空气活动等为显在大循环，而水汽蒸散与凝结之胀缩生成的局地循环，则为隐在之小微循环。还有植物之吐纳等微观转化流变的隐在微循环，皆为空气质量与活性的重要因素。

外在的显性循环易见易知，而内在的隐性小微循环多被忽视。若能既见显又见隐，既见水又见气，既见大又见小，既见外又见内，既见他又见自，我们对水气循环系统的观察方法和评价模式便会由粗而细、由泛而精，对水气循环境界规律的认识亦可不断深化。

■ 微循环犹如细胞，在没有降水的时空、在静风条件下，水汽微循环也无处不在，并且始终都在周运化变之中

无数蒸发与凝结、膨胀与收缩而生灭不息的微循环组成小循环，诸多化变往复之小循环再形成大循环，系列大循环再构成整体循环，如是而为层级完整的水气循环系统。

相对于短时间的和局部的降水而言，水汽的蒸散与凝结—吸附则是经常的和持续的，而且无时不有、无处不在。所以，在没有降水的时空，无数小微水汽循环也始终都在生灭周运之中。——请注意，这一点非常重要。

强度和速度明显的冷空气活动是断断续续的和暂时的，而水汽微循环层面的空气活动则无止无休。因此，即使在静风条件下，空气依然永动不息。——请注意，这一点也非常重要。

上述两点强调的都是微循环。微循环之于水气循环系统至关重要。微循环犹如水气循环系统的细胞。即使在没有降水的时空，即使在静风条件下，水汽微循环依然始终运动与周行不止。就像人体在静止和睡眠时，亿万细胞仍在继续工作一样。从直观比喻上讲，我们如果把水气循环系统中的微循环看作细胞之于人体，经常带着这个意识再来认识水气循环系统和雾霾的生灭化变，事情就比较简单，也很容易明白。

■ 在现有科学视野中，雾霾与水的关系不大；而从水气循环系统来看，灾害性雾霾则是系统失衡与失能的明显症状

水气循环系统，是我们认识雾霾的根本；微循环则是雾霾生灭的关键。

在现有科学视野中，雾霾与水的关系不大；而从水气循环系统的整体观来看，灾害性雾霾则是水气循环系统失衡与失能的一个明显症状。

再有，气象学主要讲风力、降水、逆温层、混合层、湿度等"气象扩散条件"；而从水气循环系统来说，宏观为地气与天气的隐显循环境界，微观为水汽微循环，态势则在系统运化之通塞，这些共同构成了系统自具的自循环系数和降解污染物的"环境净化功能"。

主要是水气循环系统态势所规定的微循环之功能状态，直接决定着污染物降解的程度和速率。

9

自循环：水气循环系统的根本规律与核心观念

■ **任何存在首先即为自循环体，自然都是内因和内力为主。自循环永远无可替代**

　　水气循环是一种自循环，其本身亦为自循环层级体系。自然循环系统及其层级子系统，皆为自循环。

　　水气循环层级体系中，区域大循环与本地小微循环互为体用、相因互果，为共生共存、相辅相成。对于当地来说，本地循环为自循环，跨区域循环为外循环。本地循环是经常性的和持续进行的，强度和速度明显的跨区域循环相对来说则是断续的和暂时的。故本地循环为主，异地循环为辅，即自循环为主，外循环为辅。本地自循环越活跃越充分，区域大循环相应才越协调越正常。若各地的自循环都正常，诸大小循环与内外循环就能够正常而经常化，则水气循环整体系统便会以常态为主而周行不殆，相对起伏变化通常也不会很大，是为风调雨顺、气象和平。

若系统遭到强力干扰破坏，本地自循环能力不断弱化，就会逐渐演化为外循环为主。这时，只有外力足够之强，才能形成交换与循环。外循环为主的特点是时断时续和强弱没谱，表现为骤冷骤热和暴旱暴涝的轮番登场。伏之越低便起之越高，隔阻愈甚复冲决愈烈，是为恶性循环中的平衡方式。

任何存在、任何系统和任何生命，首先即为自循环体，自然都是内因和内力为主。自循环永远无可替代。外力的作用以及种种外面的方式和办法，只能是辅助因素和权宜之计。循环为自循环为主，净化也是自净化为主。指望外力、依赖外援、倚重外因，不可能长期维持系统的正常状态。若已是外因和外力为主，则显然已经不是正常循环系统。

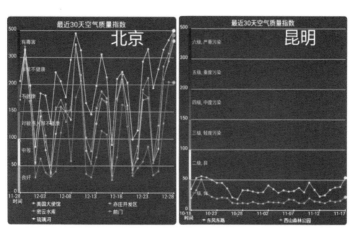

图7　北京与昆明空气质量指数曲线之对比（据"全国空气质量"APP）

图7为北京与昆明各自30天时段的空气质量曲线图，既显示了两种境界的明显差别，也可视为外循环与自循环之对比。近几年冬季的北京经常依靠外界风力推动循环，曲线起伏很大，一个峰谷指数落差可达300至400。自循环为主的昆明指数始终很低，曲线起伏也很小。北京幅最下面的蓝线为密云水库站数值，这还是北京空气质量最好的站点。昆明幅下面的绿线为西山森林公园站点，显示自循环功能良好。

本课题研究之所以一再强调2013年以后华北平原区的自然循环系统出了大问题，是因为对于外在风力的依赖与否，可以说是一个很明显的标准。2013年以前，除了排放强度过大的区域，即使风力不大，总体上的空气质量一般也不会有很大问题。而从2013年开始，尤其是2013年到2016年间，经常是风力一减弱，雾霾很快就开始蔓延肆虐。在总排放量逐年递减的情况下，这个现象本身就说明区域循环系统和生态体系发生了严重障碍。

■ 自循环为哲观，关键在见"自"、知"自"

自循环状态决定着整体系统的正常与反常。

水气循环系统之层级众多，形态万千，界定越精细，观察角度越丰富，对水气循环系统及规律的认识便可越深入。

本课题研究的核心观念：自循环。

自循环，是我们在深入研究自然水气循环系统中独创的一个关键

理念，也可以说是我们发现的自然存在和水气循环系统的一个重要特性和根本规律。

从存在万有的现象上看，从宇宙到银河系到太阳系到原子，皆为自循环；从地球生态系统到水气循环到所有生命体到每一细胞，亦之为自循环。

自循环的特性是自他一体、大小与内外一体、自生与自化一体、运动与生灭一体、动静与通隔一体、平衡与净化一体。

自循环，最关键就在其"自"。自本、本自，自具、具自，自生、生自，自能、能自，自主、主自，自动、动自，自演、演自，自化、化自，自反、反自，自成、成自……

存在万物之本无外乎这个"自"，人的认知本身和认识的基点也在其"自"。

一般科学思维却都难见"自"，所以习惯于从"外面"去找原因，包括人们对"第一推动力"的茫然。

所谓"原因"，原者，自原、原自也；因者，自因、因自也——故原者自因，因者原自；自即原因，原因在自。

见自循环的关键在知自，知自在于明我。所以，这首先还是一个哲学问题，是认识自我的问题。否则，就难免落到外边，囿于物相之见，陷入二元分裂。

■ 自循环是自然和存在的新界定，为自然规律和存在法则的新理说

自循环，也是认识雾霾的关键理念。

明白了自循环，对于水气循环系统便了然于胸。

这里再对自循环这一核心观念从哲理上稍作阐释：

自循环，自、循、环，自—循—环，本身即一而三、三而一的模式与关系，一分乃三，三合而一。

自者，本也、一也，故自性循环。

循者，生也、能也，故循性自环。

环者，境也、法也，故环性自循。

因之，自循环为存在万有之本之变、之体之用、之境之规、之化之行。自循环亦之为道为哲、为理为则、为名为实、为路为法。

自循环，是自然和存在的新界定，为自然规律和存在法则的新理说。

自循环，即自然之自与之然，即存在之存与之在。

自循环者，深达本来，赅尽存在，内归一无，化变万有。

自者，循也、环也，故自法循环，生生不息也。

循者，自也、环也，故循法自环，周行不殆也。

环者，自也、循也，故环法自循，一以贯之也。

自中见循环，即可知根本、见整体；

循中见自环，即可知规律、见关系；

环中见自循，即可知变化、见因果。

明白自循环、自行了一知力；

把握自循环，即为纲举目张。

明了自循环之本来，则可见微知著；

知晓自循环之规律，则得境界周全。

自然者，自循环也；

自然规律者，自循环也；

顺其自然者，顺应自循环也；

道法自然者，法自循环即道也；

见自循环，即见自然；

合自循环，即合自然；

知行自循环，即人生之达道；

善待自循环，生命和人类社会皆自然无恙也。

10

本地降解净化为主，异地扩散转移为辅。水汽雾滴生灭

化转之微循环，当为自净化的关键机制，也是量化认知

地气天气和水气循环系统的关要

■ 对于污染物的降解，本地自循环系统之自净化功能起着最主要作用

在水气循环系统中，自循环的重要功能之一即为自净化。

自循环既是运动与流行，同时亦为生灭与化转。

以北京及华北地区为例，蓝天并非必须靠大风和降水。通常更多的是一二级微风，但并没有出现经常性的雾霾笼罩。在2013年之前，本地自循环系统功能虽然日趋退化，即使像北京这样的现代大都市，即使污染物排放量及强度已经相当之大，还是能够基本上维持自我循环，实现大部分自行净化。即使2013年以来，在一次次雾霾过程中，在境界转换之时，在相对正常的状态下，都可以看到自循环和自净化功能强弱起伏变化的各种表现。这说明，对于污染物的降解，本地自循环

系统之自净化功能，起着最主要作用。所以，我们把大气污染物清除的规律概括为：

本地降解净化为主，异地扩散转移为辅。

——而不论扩散转移到什么地方，污染物最终还是在其所到之处就地降解、本地净化。所以，也不论是否风雨，降解净化都是本地为主。而包括风和雨在内的各种形式和要素，皆为当地循环系统和净化机制的组成部分。

污染物不等于霾。在污染物排放量不变的情况下，一旦指数不断升高演变为雾霾，则说明循环系统反常而出了问题，意味着自净化机制的失能。

而正常状态，即为自循环系统正常和自净化功能正常。

■ 就悬浮颗粒物而言，大循环主要为转移、传输、扩散、稀释，即空间之位移；小微循环则主要为净化、溶解、归藏、清除，即生灭之转化

自净化的关键机制到底在哪里呢？

水的三态性质转化，随气场气压气温等条件变化，其蒸发膨胀—凝结收缩之生灭与升降的特性之化演，而为气水之周行、天地之呼吸、垢净之吐纳。

在水气循环的复杂层级系统中，大气运动和降水循环只是其中的

显在表现形式之一。

水发散为水汽，聚为雾滴，再蒸散化灭，即为循环；雾滴再凝结为雨滴下落，便形成降水循环。在垂直循环中，没有凝结就没有降水；而凝结不一定最终都成为降水。在水平循环中，没有雾滴之凝结便没有露霜；而水汽雾滴不一定都变成露霜。大量水汽雾滴在近地空间或自行蒸散或直接归附于下垫面，亦自形成循环。

微循环I：水汽—雾滴—大雾滴—雨雪露霜

微循环II：水汽—雾滴—水汽

物质及种种存在的形态之化转与性质之演变，主要靠小微循环实现，都在隐而难见的微观层面进行和完成。而宏观可见的大的循环运动，多为空间之位移。就悬浮颗粒物而言，大循环主要为转移、传输、扩散、稀释；小微循环则主要为净化、溶解、归藏、清除。而以冷空气为主的外在大循环，本身便包含携带着无数充满新活力小微循环，同时激活当地的小微循环。所以，即使部分污染物被驱散推移到异地，最终还要靠小微循环净化和降解。

薄雾和露霜，也是小微循环的重要标示之一。我们观察发现，近些年来，我国北方地区不仅降水呈现减少之总体趋势，晨昏之薄雾和草木灌丛农作物上的露霜也都明显减少。薄雾和露霜的减少程度，应该说比降水的减少更其甚之。薄雾和露霜减少的现象，直接证明和指示着水气循环系统的劣化及自净化功能的衰弱。

■ 面对真问题：清楚了水汽雾滴生灭化转之微循环，便明白了悬浮颗粒物之存在与灭消

自然循环系统中污染物之降解净化，诸多子系统各显其能而综合作用，降解净化方式主要有物理作用、化学作用和生物作用。

水气循环系统中的自净化机制，主要即随时随地无处不在的水汽蒸凝胀缩生灭之小微循环，对悬浮颗粒物实施吸附、溶化、沉降、挥发、化灭。微循环如细胞，其工作状态，决定着系统的功能程度；同时，系统的整体态势，规定了微循环的活跃级别。

大气中悬浮颗粒物，本身即可为雾滴之凝结核。人工增雨技术大都利用此一原理。凝结缩合为雾滴、雨滴、露珠的过程，即化转、降解、封藏，如"微循环Ⅰ"。而带核凝结溶解，再蒸散挥发，即为降解、化灭，如"微循环Ⅱ"。自然相生相克之循环系统，自具很强的自净化功能。

本地自循环，尤其是小微循环，构成了经常性的持续不断的微观水气转换、空气流动和净化机能——这也如同细胞的特性与作用。水气自循环的尺度越小，循环便越活跃，越经常化，持续性越强，其自生、自动、自化、自反、自主、自成的自循环度便越高，因此对于循环整体和系统机能来说就越发重要。故行为自净化之功能的小微循环，多在当下与就地化演周行。

清楚了水汽雾滴生灭化转之微循环，便明白了大气中悬浮颗粒物

之灭消。有风雨也好，无风雨也好，本地也好，异地也好，关键不在"扩散"，而在微循环之于污染颗粒所实施完成的灭消。故有风之消与无风之消，本地之消与异地之消，即时之消与延时之消，动中之消与静中之消等等，种种灭消皆为水汽微循环之功之能。

本课题研究认为，水汽雾滴生灭化转之微循环，当为悬浮颗粒物降解净化的关键机制。主要因为见大而未见小，见宏观而未见微观，见冷空气活动而未见水汽微循环，见风力之驱散作用而未见自身之净化功能，见外在诸条件而未见内在自循环，所以我们看到的和谈论的始终只是"扩散"，而未能真正面对雾霾之灭消这一真问题。

■ 天气地气，皆为一气。水而为水汽乃地气之升发，水汽而为水乃天气之降合。水汽雾滴生灭化转之微循环还是我们深入认知和量化衡量地气和天气以及水气循环系统的切入点

微循环还应该是我们深入认知水气循环系统的切入口和操作点。若能精细研究雾滴与细颗粒物的种种相互作用，将会使我们对雾霾生灭的微观认识和整体把握，进入一个新境界。而对于不同境态中雾滴的生灭速率、所占比例、滞空时间等数值的精准监测分析，应该可以帮助我们对应认识具体时空水气循环系统之场态势能变化的不同境阶与梯度，有助于间接界定水气循环系统的整体演变转换情态，建立起正常境界与灾害性雾霾的量化标准衡量体系。这样一来，所谓玄之又

玄的"地气"、"天气"、"境界"、"气场"等等，便可有相对明确的数值坐标评价系统。

　　水的三态转化，皆之可见可测；而说到"地气"与"天气"等，则难免给人以玄虚之感。地气与天气来自中国古代的阴阳观，因其为哲理之抽象，所以很难直接"看见"。前面谈到云与雾及雨与霾之四种气象境态：地气发而天气应为云，其境态为升发；地气发而天不应为雾，其境态为悬滞；天气下而地气应为雨，其境态为降合；天气下而地不应为霾，其境态为浮塞。其实，天气、地气，皆为一气。一气之相生相克循环化变，而名之为地气与天气，是谓"同出而异名"。从存在上看，水与水汽，皆之为水；从根本上讲，水与水汽，皆之为气。水与水汽、地气与天气之终始往复的周流化变，即为水气循环系统之自循环。就可见层面而言，水而为水汽乃地气之升发，水汽而为水乃天气之降合。水形降而实升，故地气主升发；气形升而实降，故天气主降合。循环系统通泰则升降正常，循环系统否塞则滞隔悬浮。若水气循环系统失衡而失能，天气与地气不接不应，水汽微循环相对停滞，表现为水汽雾滴生多灭少之不断聚集，悬浮颗粒物越来越多，是为雾悬霾浮之雾霾境态。

　　这样来看，水汽雾滴生灭化转之微循环，即为天地之气循环及其境界场态的直接呈现，所以，这也应该能够成为我们深入认知和量化衡量地气和天气以及水气循环系统的切入点。

大面积地下水深埋应是水气循环系统失能的主因；
境界突变的转折点：2012年冬至

CHAPTER 3

11

凝眸地下水——水气循环系统的深层根基和内在主导

■ 水气循环系统为何突然停滞失能？对比排除各种因素之后圈定幕后主角——华北平原地下水大漏斗

华北平原地区空气质量状况在2012年与2013年之交的骤然巨变，给人印象极为深刻，也非常令人费解。因为以年度为单位来看，污染物排放量变化不大，气象条件变化不大，地表水、土壤和植被盖度等变化也都不大，那么为何突然间雾霾成灾？尤其从自循环的视角观察，这显然是整个系统的灾难性突变和境界性逆转，犹如人体免疫系统突然出现严重功能障碍。在此之前，不管怎么样，自循环系统好歹还在基本运转，自净化功能大致还在发挥作用。可是就在旬日之间，自循环和自净化竟然一下子基本停摆全面罢工，雾霾说来就来，污染指数与时俱进势不可挡。这究竟是怎么回事？其中一定还有某种我们未知的重要内因在暗中发力主导。

经过反复审视天地水气循环系统境界，观察对比地气与天气的强弱化变与通塞行止，增减排除诸因素条件的有无轻重与相互作用，我们终于发现并基本圈定了幕后主角——华北平原大范围地下水水位的持续快速下降。

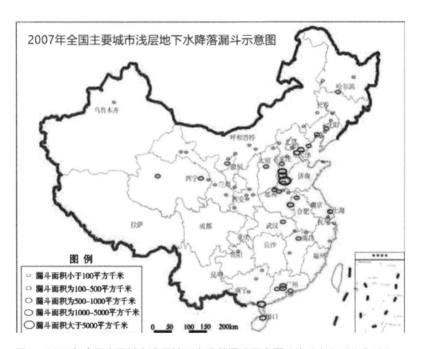

图8　2007年全国主要城市浅层地下水降落漏斗示意图（地下水监测信息网）

伴随我国经济快速增长，水资源用量越来越大，缺口逐年扩展，其中地下水的透支尤为严重。

我国北方地区65%的生活用水来自地下水；同时，50%的工业用水

图9 2011年全国主要城市浅层地下水降落漏斗示意图（地下水监测信息网）

和33%的农田浇灌也源自地下水。全国657个城市中，有400多个城市以地下水为饮用水源。几十年来，我国地下水的提取量以每年25亿立方米的速度递增，现在年均超采200多亿立方米。全国因城市用水和农村井灌形成的地下水超采区400多个，总面积达62万平方公里。全国已形成大型地下水降落漏斗100多个，面积达15万平方公里，主要分布在华北、华东地区。几乎所有大中城市都因超采地下水而出现地下漏斗。（郄建荣，2012；王浩，2017）

河北省年均用水总量20世纪50年代初约40亿立方米，近十几年增加到约200亿立方米。而全省年均水资源可利用量仅有150亿立方米，缺口

50亿立方米左右；另一方面，入境水量却由年均100亿立方米锐减到27
亿立方米，减幅达73%。如果考虑到生态用水，年缺水量达到100多亿
立方米。从20世纪80年代起，河北开始超采地下水，年均超采50多亿方，
已累计超采1500亿方，面积达6.7万平方公里，超采量和超采区面积均
为全国的1/3。一个世界上最大的地下水降落漏斗区已在华北形成。（新
华网，2014）

■ 华北平原地下水超采引发区域严重生态危机

以北京为例，北京市地下水埋深平均水位：

1960年为3.19米，1980年末为7.24米——20年间累计下降4.05米，年
均降幅0.20米；

1998年末为11.88米——18年间累计下降4.64米，年均降幅0.26米；

2014年末为25.66米——16年间累计下降13.78米，年均降幅为0.86
米，其中当年同比下降1.14米。（据北京市水资源公报）

北京市地下水水位的下降情况，1960年至1998年期间下降相对比
较缓慢，在总体下降的趋势中，也有的年份适当回升。而从1998年起，
则是接连16年持续大幅度下降。密云、怀柔、顺义水源地的最低水位
已经深埋50米左右。（北京晚报，2015）

图10　2011年全国主要城市深层地下水降落漏斗示意图（地下水监测信息网）

据1999年出版《中国生态问题报告》，华北地区地下水提供的水量占总用水量的87%，每年地下水超采300亿立方米，开采率高达130%以上。（国家环保局自然保护司，1999）

就在2000年的一年中，河北省平原区浅层地下水水位同比平均下降1.32米，全省深层地下水水位平均下降2.91米。衡水市的巨大地下水漏斗区，扩展到面积约4.4万平方公里、中心水位埋深112米的复合型漏斗。天津地下水埋藏最深达110米。河北最深的机井在沧州，达到800米。数年前，在官方通报华北超采地下水1200亿立方米时，就有水利专家估计，实际上华北透支的地下水已近2000亿立方米。华北地下水资源已

无开采潜力，超采的深层地下水已无法补充。河北平原地下水超采在
造成区域性地下水位大幅度下降的同时，也引发了区域生态严重危机。
河北95%以上的平原河道干涸，90%的湿地消失。（中国新闻网，2014；
中国广播网，2014；周喜丰等，2010）

■ 地下水从内在主导水气循环系统，水气循环系统之微循环的功能状态，决定污染物降解机能。大面积地下水深埋使地气严重衰微，天气亦之紊乱

当污染物排放量和气象扩散条件难以解释2013年以来的霾情剧变
时，恰恰是从地下水长期恶化的趋势及其对于水气循环系统的主导作
用，我们可以发现突然雾霾成灾的主要内因。

水气循环系统是贯通天空、地表和地下的浑然整体。虽然地下水
并不直接参与大气悬浮颗粒物的降解，但地下水是水气循环系统的深
层根基，同时作为地气最活跃的主体，从内在主导着天地水气循环系统；
而水气循环系统之微循环的功能状态，则决定着污染物之降解。

在水气循环系统正常的情况下，地气与天气暂时不应也会偶发雾
或霾。而大面积地下水深埋则使地气严重衰微，天气亦之紊乱，尤其
是跌破境界质变的临界点而落入恶性循环之后，天地气水循环便不时
发生阻塞故障，系统之小微循环经常停滞失能，致使灾害性雾霾频繁
爆发。

12

灾害性雾霾常态化，应该能够使我们进一步看到长期大面积超采地下水的更严重后果——耗竭地气终酿生态浩劫

■ 地下水深埋对于水气循环体系和整个自然生态系统不啻釜底抽薪

现在人们都已经认识到，超量开采地下水会带来三大问题：一是引起地面沉降，二是发生海水倒灌，三是形成地下水污染（全国超过八成浅层地下水被污染，已不适合饮用）。而实际上，更为严重的是导致水气循环为主的自然循环系统的整体失衡与失能，对生态环境和人类社会造成不可估量的灾难性后果。

关于地下水位到底降低多少才会造成问题和引发灾害，应该说很难给定一个统一的固定标准，因此具体数据只有相对的参考价值。各地的生态系统都是长期演化与适应的结果，而各种人为扰动引起的生态系统失衡，也是一个逐渐演变的过程。大范围地下水位的持续下降，必然直接和间接影响水气循环系统的功能和质量，也必然在各个方面

有所表现。过程之中，似乎不觉；回头再看，阶段分明。

■ 严重后果之一：干旱趋势，降水减少

第一阶段：干旱趋势，降水减少。20世纪70年代起，推广水浇地、大量施化肥和打机井灌溉逐渐成为我国北方农业的普遍模式。继而改革开放经济起飞，工业和城市对地下水的开采量也迅速增加。与大范围地下水位下降基本同步，我国北方开始出现干旱少雨的长期趋势，间或来场几十年不遇、百年不遇的暴雨之类。阻隔地表与地下的水气循环，必然削弱地面与空中的水气循环。由于逐渐干旱少雨，河流断流，湖泊干涸，湿地萎缩，于是更多抽取地下水，尽量拦蓄地表水，这又在进一步强化干旱趋势。我们把这一现象概括为：越抽水越旱，越蓄水越少。这一说法看似有违常识，但却道出了自然规律。因为给定时空中水循环总量不变，而大量工程拦蓄水明显迟滞了水循环速率，故人类实际可利用水量必然大幅减少。就像同样数额的资金，单位时间内周转一次与周转N次，效益不可同日而语。水利部门核算结果表明，20世纪80年代以来，黄河、淮河、海河、辽河流域水资源总量减少13%。（新华网，2014）还有研究表明，2001—2010年与1956—2000年比较，海河区降水减少9%，地表水减少49%，水资源总量减少31%。（王浩，2017）深究"水越抽越旱，越蓄越少"其中的道理，就可以明白为什么我们越是努力修水库造大坝解决水资源短缺，水资源危机反而越是加重的深层因果。

此无他，皆因我们过度扰乱了水气循环系统，处处都在违背自然规律。

■ 严重后果之二：准荒漠化问题趋向严重

第二阶段：准荒漠化问题趋向严重。地下水下降必然破坏和弱化地气，还会影响地面植被。此影响一是植被覆盖率，再者是植被质量。地下水深埋，地表植被也许暂时变化不甚明显，但其生长状态、吸收蓄养和蒸腾的循环功能以及降解污染能力等，都要大打折扣。我们还应该注意，近年来北方地区薄雾和露霜明显减少，即为水气微循环衰弱的重要标志，同时也是趋向准荒漠化的严重征兆，值得高度关注。虽然没有看到具体监测数据，但是从感觉上，薄雾露霜的减少幅度当大于降水减少幅度。自循环和自净化机制之运行，主要在水汽微循环的微观层面，其与薄雾露霜的增减直接相关。降水及薄雾露霜减少和植被劣化，会影响更大范围的水气循环，联动更广泛区域的荒漠化与风沙等问题。20世纪90年代前后，我国北方沙尘暴频度明显增加。大范围植被破坏与降水和薄雾露霜减少是其直接原因，而地下水的下降牵动此二者并相互作用，使整体生态环境进一步下滑。

■ 严重后果之三：反季节的局地霾霾与雾霾现象增加

第三阶段：反季节的局地霾霾与雾霾现象增加。进入21世纪，我国北方沙尘暴频度有所减少，而中东部地区雾霾日数明显增多，呈现为系统症状在向深度转移。据2013年"气候变化绿皮书"，中东部地区连续3天以上霾过程站次数在20世纪总体变化不大，21世纪以来连续霾过程站次数增加显著。持续3天以上的霾过程站次，2001年至2012年监测平均值为1961年至2000年监测平均值的两倍以上，其中，持续6天霾的过程，监测数据是对比数据的3.1倍。（中国社会科学院和中国气象局，2013）上列数据未区分雾霾、霜霾与霾，根据我们的观察研究，事实上一般先是霜霾偶发，再演变为雾霾多发。大致从世纪之交开始，华北地区时常出现反季节霜霾，说明地气开始明显衰弱，区域自循环系统已经有所反常。后来地气更为衰败而天气亦之紊乱，于是一年四季局地的霜霾与雾霾都时有发生，态势不断恶化。

■ 严重后果之四：大范围严重霾灾持续且频发

第四阶段：大范围严重霾灾持续且频发。上一阶段的偶发性霜霾与雾霾，一般面积不是很大，程度也不很严重。随着较大区域地下水水位累积下降，从水之实体到气之虚在的隐显循环皆之步步弱化，天地气运逐渐衰微乃至时常阻隔，最终质变使水气循环系统整体失衡与失能，落入恶性循环。由于自循环动辄停滞，自净化严重失效，故而雾霾弥漫成为常态，经常呈现为只有刮风与霾天两者的交替。

雾霾一词现已成为统称，如果仔细界定，还应该分为雾霾、霜霾与霾这样三类。地气发，天不应，导致雾霾；天气下，地不应，而成霜霾。

但是近年我们实际遭遇的灾害性雾霾，更多的主要就是霾。其主因已经不同于雾或霾，而是地气衰弱和天气无常，天地之气皆之难发与难应，甚至皆之不发与不应，循环系统和净化机制严重失能失调，致使污染物动辄便反常聚合弥漫而为霾灾。

耗竭地气终酿生态浩劫。自然循环系统的恶化和境界恶变，是长期大面积超采地下水为主因造成的复合型严重生态环境灾难。而灾害性雾霾之常态化，应该说只是我们现在开始能够感受到的恶果之一。

13

长期依靠大量透支地下水发展经济，是现代人类的

饮鸩止渴，乃断子绝孙之急功近利

■ 本研究报告第一次明确指出地下水深埋与灾害性雾霾的高度相关性：华北平原作为全球最大的地下水漏斗区，最终沦为雾霾频仍的重灾区和极震区

据"在意空气网"发布的2014年全国200余个城市污染指数排行榜：1.邢台、2.定州、3.辛集、4.石家庄、5.保定、6.衡水、7.邯郸、8.库尔勒、9.德州、10.菏泽、11.聊城、12.廊坊、13.唐山、14.淄博、15.济南、16.枣庄、17.济宁、18.安阳、19.临沂、20.沧州、21.莱芜、22.北京、23.平顶山、24.东营、25.郑州、26.潍坊、27.西安、28.荆州、29.天津、30.焦作。

前30名中90%皆为华北平原区城市，与地下水降落漏斗为主因导致的水气循环系统失能区域的相关度极高。华北之外的新疆库尔勒排第8名，其主要为风沙扬尘。再有就是西安第27名、荆州第28名。再请看

一下前面的图8与图9，从2007年到2011年，仅仅四年时间，华北平原地区浅层地下水漏斗面积的扩展就如此之迅速。而上述地区的深层地下水状况，还要更其糟糕（见图10）。

再看环保部公布的近年来74城市污染前15名排行榜：

倒排名次	2013年	2014年	2015年	2016年	2017年
1	邢台	保定	保定	衡水	石家庄
2	石家庄	邢台	邢台	石家庄	邯郸
3	邯郸	石家庄	衡水	保定	邢台
4	唐山	唐山	唐山	邢台	保定
5	保定	邯郸	郑州	邯郸	唐山
6	济南	衡水	济南	唐山	太原
7	衡水	济南	邯郸	郑州	西安
8	西安	廊坊	石家庄	西安	衡水
9	廊坊	郑州	廊坊	济南	郑州
10	郑州	天津	沈阳	太原	济南
11	天津	沧州	北京	沧州	沧州
12	太原	北京	沧州	廊坊	兰州
13	乌鲁木齐	沈阳	太原	乌鲁木齐	徐州
14	沧州	西安	乌鲁木齐	北京	天津
15	沈阳	太原	天津	兰州	廊坊

全国74城市污染前15名中，每年华北平原城市都要占11至12席，而且以前列居多。全球最大的地下水漏斗区与灾害性雾霾的极震区相重叠，应该不是偶然的巧合。

图11为2001年华北平原深层地下水降落漏斗示意图。如今又过了十几年，地下水超采量至少又增加了数百亿方，华北平原地区地下水的危机更加严重和严峻。

灾害性雾霾从2013年起在这里反复和频繁爆发，除了污染物排放量大和空气重污染之外，我们的眼界理应看到区域生态环境的系统整体。而从整体观照和系统审视，对于某些严重症状就更不能掉以轻心，

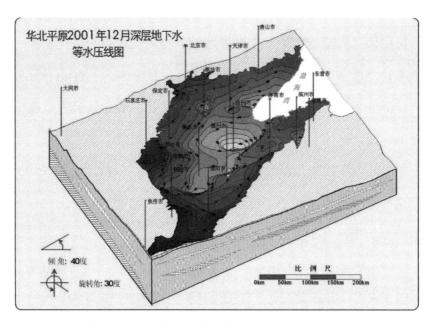

图11　2001年华北平原深层地下水降落漏斗示意图（中国地下水监测信息网）

同时也不会轻易定论。

■ 以大面积地下水深埋为主因的循环系统障碍，犹如人体之肾衰竭，病情已经相当之严重

地下水水位的灾难性持续下降，对于水气循环体系和整个自然生态系统不啻釜底抽薪。随着大面积地下水水位的持续迅速下降，加之环境污染和生态破坏，原本整体通达的自然循环体系支离破碎徒有其表，山河大地逐渐丧失内循环和深呼吸。滋养万物的地气生机越来越衰弱，必将酿成比雾霾灾难更为严重的后果。以大面积地下水深埋为主因的循环系统障碍，犹如人体之肾衰竭，病情已经相当之严重。

长期依靠大量透支地下水发展经济，是现代人类的饮鸩止渴，乃断子绝孙之急功近利。全球深层地下水总储量中大约只有0.1%是可补充的。深层承压水通过地质构造中蓄水层的孔隙和裂缝极为缓慢地渗透流动，滞留时间长达上千万年。重新补足矿物地下水的储备，需要几千年、几万年甚至几百万年。对于我们人类蜉蝣般短暂的生命尺度，这完全等于是至为珍稀的不可再生资源。深层地下水可以说比石油更为重要。如果没有了石油，人类好赖还可以生存，倘若几十米至数百米区位的深层地下水资源枯竭，人类和陆地生命系统都将大难临头。

眼下灾害性雾霾常态化，仅仅为其系列恶果之初现端倪。

问题是后面还会突然发生什么更其严重的灾难，我们不知道。

■ 把严重雾霾频发归结于气象条件不仅于事无补，更容易掩盖这里的自然生态系统已经发生的重大危机，并成为人类逃避自己责任的遁词

近几年人们开始普遍关注和担忧雾霾之轻重去来，但是，与水资源危机尤其是地下水危机比起来，雾霾只是"癣疥之疾"，水的问题才是"心腹之患"、膏肓之病。当然，此二者又是一回事：病根在水气循环系统，病症之一为严重雾霾频发。

华北平原已成为灾害性雾霾的主要祸害之地。我们若把问题和原因归结于"气象扩散条件不利"不仅于事无补，要害是这种解释很容易掩盖这里的自然生态系统已经和正在发生的重大危机，同时也成为人类逃避自己责任的遁词。雾霾常态化也不仅是因为污染物排放强度过大，更在于这显然已是水气循环系统严重病祸的突出症状。

水是生命之源。水气循环系统是自然生态体系的根基，是人类生存与发展的基础。本研究报告第一次明确指出大面积地下水降落漏斗与灾害性雾霾的高度相关性；而退一万步讲，即使地下水与严重雾霾没有直接关系，我们尽最大努力解决面临的水资源问题和地下水危机，也都应该是国家环境安全和生态建设的重中之重。这既是当务之急，更是千秋大计。

本研究报告之所以专门使用和突出"水气循环系统"的观念，因

为水之与气，本来即为存在一体。治理雾霾与解决水资源问题，分则事倍功半，合则事半功倍。所以，水气土林同治，整体调理修复，方为治本之道。

14

严重雾霾灾难从正反两方面警示我们：环境承载力的极
限，也就是经济增长的极限，更是中华民族生存基础的
底线

■ 严重雾霾灾害频发，也许是这里的生态环境承载系统正在解体的不祥之兆

京津冀地区是全国大气污染、水污染最严重，全国水资源最短缺，全国资源环境与发展矛盾最为尖锐的地区。有专家研究认为，京津冀地区环境容量处于严重"负债状态"。如果要保持京津冀地区的大气环境和水环境的"收支平衡"，按目前的资源消耗和环境损害程度计算，大气环境需要2至3个等面积的京津冀，水环境需要4至8个等面积的京津冀。（蒋洪强等，2017）

能源消耗与水资源消耗和污染排放密切相关。华北平原地区2012年煤炭消耗量为10亿吨，这片面积仅为全国5.6%的土地，煤炭消耗占全国总量的四分之一，更占了全球煤炭消耗总量的14%。从2001年到

2012年，京津冀鲁豫三省二市的煤炭和汽油消费增长了三倍，柴油消耗增长了四倍。（陈松蹊等，2015）

近几年雾霾灾难对于华北平原犹如挥之不去的噩梦，地下水超级透支与能源超级消耗为双主因，又是一回事。——原因和责任都在人类自己。无论是气象扩散条件不利的解释，还是要把严重雾霾归类为"气象灾害"的考量，都不能解脱我们人类自己的第一责任和绝对责任。而出了问题凡是全到外面找原因的，最终都不可能真正解决问题。

严重雾霾灾害频发，也许是这里的生态环境承载系统正在解体的不祥之兆。

■ 我们是在中国历史上最为脆弱的生态环境资源基础上，强力持续着世界历史上能源资源消耗规模最大和强度最高的经济发展

2014年12月中央经济工作会议指出：我国环境承载能力已达到或接近上限。（新华社，2014）

1949年以来的60多年，中国的总人口"仅仅"增长了两倍多，而能源资源消耗却增长了上百倍至几千倍。

本研究报告专门给出下表，列出1949年与2015年全国能源资源消耗几项主要指标的对比及增长倍数（据《中国统计年鉴》）：

	1949年	2015年	增长倍数
原煤消费（万吨）	3200	396500	124
发电量（亿千瓦时）	43	56180	1307
石油消费（万吨）	12	54300	4525
钢材产量（万吨）	16	77950	4872

2015年，全国煤炭消费量为39.65亿吨，比1949年增长124倍。（我国煤炭消费量在2013年达到峰值，总量超过42.2亿吨，为1949年的131倍，此后开始逐年减少。）

全国总发电量5.618万亿千瓦时，比1949年增长1307倍。

石油消费5.43亿吨（对外依存度首破60%），比1949年增长4525倍。

2015年全国钢材实际产量总计约7.795亿吨，比1949年增长4872倍（2015年钢材产量总计约11.235亿吨，实际产量为不计因重复加工而重复统计的产量数据）。

几十年来，我们是在中国历史上最为脆弱的生态环境资源基础上，强力持续着世界历史上能源资源消耗规模最大和强度最高的经济发展。

巨大发展成就之前所未有，可持续与不可持续的巨大隐忧亦之前所未有。

■ 全国能源消耗超级加速：6.5年=12年=50年=百万年——地球能否承受这一负担？我们将为后代留下何种遗产？

20世纪70年代，罗马俱乐部主席奥尔利欧·佩奇曾进行过这样的计算：在20世纪的100年中，人类消耗的资源增加了70倍，假如现代人平均寿命是他们祖先的一倍，而每年的消费量是祖先的10倍，则目前地球总人口在其一生中的消费量，超过了所有前人在1万个世纪内的总消费量。计算还表明，在20世纪最后25年内，对能源的需求将相当于人类有史以来所消耗的总量。他问道：地球能否承受这一负担？我们将为后代留下何种遗产？（《未来100页》）

本课题研究对中国能源消耗总量（标准煤当量），还做了这样一种对比统计（据《中国统计年鉴》及统计公报）：

年　度	能耗总量	指数	时长
1949—1998	257亿吨	100	50年
1999—2010	262亿吨	102	12年
2011—2017	284亿吨	110.5	7年

1949年至1998年50年间，全国能源消耗总量为257亿吨标准煤。按照佩奇先生的估算法，这一数值即大大超过我们这片国土上有史以来的消耗总量。

若以257亿吨为指数100，则接下来1999年至2010年的12年间，全国总能耗指数即达102（总量262亿吨）。

而从2011年至2017年的7年，能耗指数更高达110.5（总量284亿吨）。约在2017年5月份累计总量便超过了257亿吨，即不到6年半就消耗掉又一个指数100。

6.5年=12年=50年=有史以来的百万年。

……

位于亚洲大陆东部的这片神州国土，维系了中华民族的文明史，养育了世界上人口最多的民族。未来世世代代中华儿女，还要在这里繁衍生息。

这是我们祖祖辈辈共同的家园。

这是我们子子孙孙唯一的家园。

为了使支撑十几亿人的环境资源基础免遭无可挽回的破坏毁灭，为了给我们自己和子孙后代留下最起码的生存发展余地，我们现在必须做出明确选择，我们今天必须做出某些牺牲——

如果我们现在不主动选择未来，我们就得被迫忍受灾难的未来；

如果我们今天拒绝做出部分牺牲，我们的明天和我们的后代就将付出更为沉重的牺牲。

严重雾霾灾难从正反两方面警示我们：环境承载力的极限，也就是经济增长的极限，更是中华民族生存基础的底线。

15

华北平原区境界质变的内在转折点，内因、时机与外境
聚焦于2012年冬至

■ 华北平原自然循环系统的境界转变及鲜明对比，一目了然，更触目惊心

华北平原地区自然循环系统整体境界之逆转，经历了一个从量变到质变的过程。由于人类活动对生态环境系统的压力无度增强，随着各种环境污染和生态破坏的不断积累，更随着地下水水位的持续快速下降，最终撑破自然循环系统的承受极限，整个系统便突然跌入恶性循环。

华北大平原中北部地理单元区域循环系统之境界性质变的时空交汇点，应是在2012年与2013年之交。

图12为北京、石家庄、保定、唐山近年逐月空气质量示意图，其境界转变及鲜明对比，应一目了然，更且触目惊心：境界之别，判若霄壤。

四地的2012年及以前与2013年及其后，都明显不同；

各自的2012年12月与2013年1月，也都明显不同。

而对比2011年与2012年，或是对比2013年与2014年，包括其他的12
月与1月，则没有显示出多少差别。

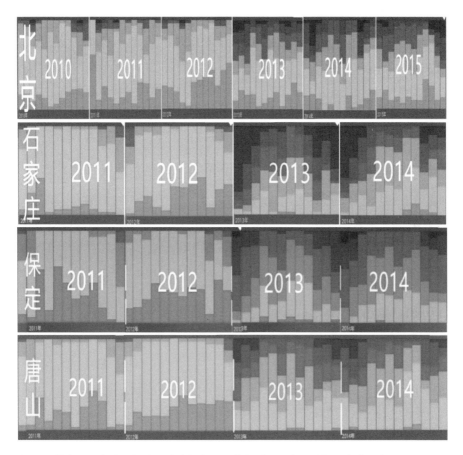

图12　北京、石家庄、保定、唐山近年逐月空气质量示意图（据"在意空气"APP）

■ 为何新旧国标的形式转换，竟然掩盖了自然生态系统的境界质变

再附带说明一下：恰巧从2013年开始实施环境空气质量新国标，新旧标准的不同自然会使监测结果产生一定差异。然则仅增加一项PM2.5的监测值，又不可能造成空气质量综合指数出现如此巨大的强烈反差，这本来是凭借简单科学常识就可以分辨清楚的东西。但恰恰是两者的偶然重合，最终导致新旧国标的形式转换，竟然掩盖了自然循环系统境界的整体恶变。于是人们把客观存在境界的重大转变，简单地归结为监测统计标准的转换，结果不仅是2013年前后的信息数据无法统一处理（比如即使说到近年来治理雾霾的成绩，也极少见到使用2013年以前的数据进行分析对比），更可叹的是，连同人们对雾霾的认知，也都被卷入观念雾霾的迷雾。

而看不到境界性巨大变化，就很难认识灾害性雾霾的真相。

■ 冬至阴极之至，一阳来复，在二十四节气中最为重要

华北地区水气循环系统境界突变之转折点，为什么会发生在2012年与2013年的年度之交？这就要说到天地气场之四时循环模式与寒暑阴阳转化之周行规律。

纵观天地岁月之大时空境界，华北平原区域循环系统整体质变的内在转折点，我们推论当在2012年冬至节气。

是年冬至，公历2012年12月21日。

现代大文学测定，冬至日太阳直射南回归线，北半球太阳高度最低，日照时间最短，为一年中太阳辐射值的最低点。

古人的说法是：阴极之至，日南至，日短之至，日影长之至，故曰"冬至"。

在中国传统的阴阳理论中，冬至为阴阳转化的关键节气。日月经天，寒来暑往，终而复始，阴至生阳。冬至为地雷复卦（䷗），象一阳来复。冬至为阴气极至之日，也是元阳初生之时，从此天地阳气始之升发兴作，一元复始，万象更生，是为新循环之转机，新境界之开启。

冬至一阳生，故在一年的二十四节气中最为重要。

■ 壬辰龙年冬至对于华北平原地区自然循环系统何以成为大限关头

对于华北平原区的自然循环系统来说，壬辰龙年冬至则为大限关头。

① 内因。年复一年，大面积地下水不断被超量开采，加上各种环境污染和生态破坏的扰乱与压制，地气越来越微弱，天地水气循环境态越来越勉强，最终跌落至临界点。三四十年的时间，在漫长的地质纪年中不过是短短一瞬，但是此间地下水的下降幅度却比以往千百万年的变化总和还要剧烈得多，远远超出了自然系统本身的修复能力和适应极限。

② 节气（时机）。时当2012年冬至，就在这个转折枢机，潜藏于大

地而微若游丝的那一线生机，没有能够正常升发接合天气而重新启动系统的升降循环之良性周运。犹如循环链条突然脱落，关键环节瞬间断裂，整个系统的内在循环于是受重创、被阉割、遭窒息。

③ 外境。恰恰在这个冬至前后，全国和华北地区被连续强寒潮覆盖冰封。2012年11月下旬至2013年1月初，全国先后经历7次冷空气过程。全国平均气温-3.8℃，较常年同期偏低1.3℃，为近28年最低；华北平均气温-7.4℃，较常年同期偏低2.4℃，为近42年最低；北京市12月平均气温-6.4℃，比常年同期偏低3.5℃，为1951年有气象记录以来之最低值。其中，冬至前后12月19至24日的寒流强度最强、降温幅度最大、影响范围最广，北方大部过程最大降温幅度8℃—12℃，部分地区在14℃以上。（中央气象台，2013）

冬至者，一阳初动处，万物将生时。已经一再被摧折被祸害的、微弱至极的新境界之周流气机，就在这个阴极复寒极的冬至，被人祸加天灾合谋做掉。就像那破壳将出的蛋中鸡雏，若其生命力本已严重弱化，啄壳之际但凡稍有外力袭扰封阻，就只能胎死蛋中。内因加上外因，再与壬辰龙年冬至节气之时机叠合，共同促成了整体境界的致命转折点，华北平原中北部地理单元区域的水气循环系统，从此深陷内在失衡与失能之厄境。

2012年12月19至24日的极强寒流之后，又是接连三波冷空气。疾风扫尘埃，雾霾当然起不来。可是延时发作，症状更猛，首波霾潮即

先声夺人铺天盖地。2013年1月12日北京PM2.5小时最高值达到680微克/
立方米（图13），天津690微克/立方米，石家庄最高值更超过1000微克/
立方米。

境界剧变，天翻地覆。

河北中南部自1月初便率先突进雾霾时代。石家庄1月5日指数爆表，
一月份有11天超过这一数值，还有12天在300至500之间。（图14）

石家庄2012年12月份的一级天为11天（图14左半部分未显示颜色
之日皆为绿色一级天），而图12记录转境后的2013年和2014年，两年24
个月中总共只有10天的一级天气。保定后两年的一级天仅为9天，唐山

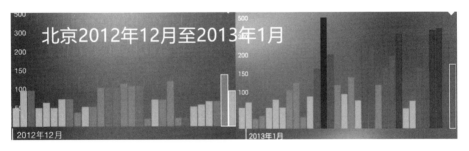

图13　北京境界剧变显示为2013年1月11—12日（据"在意空气"APP）

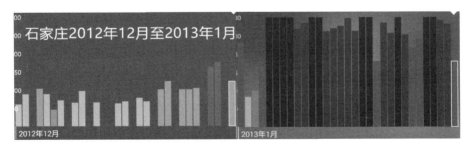

图14　石家庄境界突变比北京稍早，雾霾更其凶猛（据"在意空气"APP）

后两年的一级天更低至7天。

■ 2012年冬至突然降临的雾霾灾难令天地易色——这到底是在向我们警示什么？又到底是想让我们明白什么？

就在2012年冬至这个关键节气，华北平原中北部地理单元的天地之气未能合时升降交媾，阴阳化转未能正常开阖往复，系统整体运行程序于是从内在被改写。尽管新年的太阳照常升起，但跌跌撞撞艰难启动的2013版循环模式，却已是阴阳失据，天地否塞，内力衰微，气机逆乱，以故水气循环残存其表，净化机制失能甚多，污染颗粒难以降解，雾霾去来沦为常态。

阳光、空气和水，是维系地球生命系统的三大要素，亿万年来一直是大自然的慷慨赐予。对于世世代代的人类历来免费而无价的明媚阳光、清新空气和洁净水体，却在我们这一代人拼命追逐金钱价值的过程中，竟然都变成了万金难买的无价之宝。

——我们是否知道自己是在做什么？

2012年冬至节气突然降临的雾霾灾难令天地易色——

这到底是在向我们警示什么？

又到底是想让我们明白什么？

第四章

深入认识水气循环系统和自循环之规律，自觉面对现实，主动选择明天

CHAPTER*4*

微循环—自净化机制之两端：既可以使污染物陡增数

倍，也可以迅即降解高浓度严重雾霾

■ 雾霾期间指数增长幅度远超同时段持续排放量，说明自净化机制失能才是问题关键所在

雾霾常态化，是生态环境系统恶化的突出症状之一。自循环体系为生态环境之本，自净化功能无可替代。虽然在水气循环系统基本失能的雾霾境界中，排放污染物的多寡与症状指标的相关度很直接，但是病根并不在此。最重要的还是系统本身的通泰度和内在的循环净化机制。

如果水气循环系统基本正常，平时持续排放的污染物一般不会造成多少问题。只有在出现雾或霾即系统阻塞的境态下，排放的污染物不能及时降解，才会导致灾害性雾霾。由此来看，问题的真正根源其实不在污染物，也不在排放量，而是循环系统整体的状态，亦为污染物的存在之境界。

　　比如，2015年12月24日至25日，北京全市平均指数不到24小时便
从二级良一路攀升突破500（图15左）。2016年12月29日傍晚开始，北京
雾霾指数升速更为惊人：18时为二级良，19时为三级轻度污染，20时为
四级中度污染，21时为五级重度污染，到23时即达六级严重污染（图
15右）。这两次情况虽然比较极端，但是指数增长幅度远远超过同时段
的持续排放量，说明水气循环系统自净化机制的失能，才是致命因素，
也是问题的关键所在。

■ 普通空气污染：等量一次排放+微量二次生成→较快降解→本地降解为主；灾害性雾霾：等量一次排放+大量二次生成+延时降解+异地传输累加

　　可以这样假设：正常境界中，一个基数的PM2.5，平均存在周期为

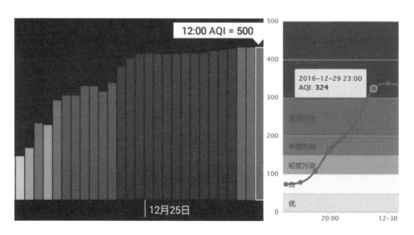

图15　左：北京2015年12月24~25日空气质量（据"在意空气"APP）；
　　　　右：北京2016年12月29日晚逐时空气质量（据"真气网"）

一个时间单位；而在雾霾境界，同样一个基数的PM2.5，若平均存在周期延长至几个时间单位，污染后果就会差别很大。

假使雾霾境界中悬浮颗粒物滞留周期平均增加一倍，就很容易抵消排放总量减少百分之几十的艰难减排努力。

再者，因为雾霾境态中悬浮颗粒物滞空时间明显延长，二次化合生成的比率也要高得多。所以，尽管同样的排放量，却可以导致相差悬殊的污染监测后果。

我们可以这样分别概括两种境界——

普通型空气污染境界：

等量一次排放+微量二次生成→较快降解→本地降解为主；

灾害性雾霾聚集境界：

等量一次排放+大量二次生成+延时降解+异地传输累加。

并且，随着雾霾境界严重程度的递增，自净化机制失能越多，上式中后面三项的权重越大、比例越高。

■ 一场严重雾霾即可明显拉高PM2.5年均浓度值，说明与排放量相比，水气循环系统境态是起主导作用的决定性因素

对于一个地区而言，通常一场严重雾霾便会明显拉高PM2.5年均浓度值。2016年12月30日至2017年1月7日北京遭遇跨年度严重雾霾，9天中的PM2.5累计值即高达2289（据"天气后报网"数据统计）。若将这次雾霾过程都移到2017年之内计算，其对全年PM2.5的贡献率则达

10.81%。2017年北京PM2.5年平均浓度为58微克/立方米，假若没有这场严重雾霾而那几天为正常天气，则北京当年PM2.5平均浓度将低至53微克/立方米。

从上面的对比推演我们可以看到，仅仅几天的境界不同，对全年空气质量平均值的影响就会如此之大。尽管这次雾霾一开始就启动了高级别的预警措施，期间实际排放量已大幅削减，但污染后果还是十分严重。可见，与污染物排放量相比，循环系统境态是起主导作用的决定性因素。

为什么会是这样呢？说穿了，原因其实很简单：水气循环系统是境界整体，而污染物的排放只是整体中诸多因素之一。

故污染物排放量的大小，对于水气循环系统内在整体运行的直接影响相对较小；

而水气循环系统的通塞运行境态即环境自净化功能系数，却直接决定着同样排放的污染物是否会成为灾害性雾霾。

我们说循环系统之境界性恶化与质变，关键即在微循环—自净化机制之停滞与失能。2013年之后的华北平原地区，尽管蒸发与降水—径流的大循环还照常存在（年度降水量波动不大），大气运动也在如常周行（年际平均风力等气象条件的变量也不大），但是，主要由于微循环障碍，系统的内在功能与自净化机制却已是今非昔比，所以经常会出现大范围雾霾弥漫。

■ 自循环系统自具超强降解功能。水气循环系统的自净化机制，应是环境容量的关键要素，同时也是其最大变量

观察水气循环系统的微循环—自净化机制，其运作状况除了可以分为正常与反常两大境界之外，每个境界还存在着极端状态。

在雾霾境界，自净化机制失能，污染物不断聚集。但是图15列举情形表明，还存在着超越排放量累计曲线的"暴涨"现象，使得污染物不止是倍增。这种状态可以说是"超反常"。

而在相对正常境界，自净化机制自动运行，排放污染物能被较快清除，亦即前面讲到的"随生随灭"或"生灭相当"。但是还有自净化机制的发力启动和高效运行。相对而言，雾霾终结阶段指数的下降速度，比进入雾霾阶段的指数攀升通常要快。这一现象说明了什么？它向我们透露了自循环的一大秘密：系统自具超强净化功能。只要看一下在微风条件下污染指数的迅速下降，看一下一场大范围严重雾霾很短时间内能够就地化消于无形，即可推知系统的自净化效能，甚至可以轻易超过污染物排放量的若干倍，实在令人惊叹。这种现象亦可称为"超正常"。

——既可以使排放的污染物再"凭空"陡增数倍，也可以将长时间聚集的高浓度巨量污染物迅即降解，这是两种境界的差别，也是微循环—自净化机制失能与发力的两个极端。

水气循环系统的自净化机制即内在降解功能，应是环境容量的关键要素，同时也是其最大变量。对于这一点，我们还需要好好认识研究。

17

循环系统之四态转换与我们的诸多"不知"；因为不知，
更需要顺其自然：自循环机制和自净化功能自然会让
我们安然无事

■ 正常境态→正常转落反常→反常境态→反常复归正常

天地水气循环系统，层级错综，机制复杂，变因众多，境态万千。面对这一整体巨系统，我们的认知仅仅是刚刚开始了一点点。

近几年雾霾终始去来反复震荡，我们可以从中大致总结出循环系统的四种境态：

正常境态→正常转落反常→反常境态→反常复归正常。

下表分别列出了四种境态的系统状态和指数表现：

	正常境态	转落反常	反常境态	复归正常
系统状态	晴升雨降通达	由通达而阻塞	雾悬霾浮停滞	由阻塞而通达
指数表现	保持在优良区间	较快攀升至污染	污染区间波动持平	较快下降至优良

上述四种境态的每一境界，还包含四个子项：

① 该境态持续时间之长短；

② 该境态作用区域之大小；

③ 该境态表现程度之强弱；

④ 该境态启动与结束之缓急。

分析梳理四种境态，我们可以得到很多启示。

■ 正常境态是我们告别雾霾灾害的根据和条件

第一，循环系统的正常境态最重要，这既是系统运行之根本，也是我们告别雾霾灾害的根据和条件。即使华北地区现有污染物排放量已经很大，但只要自循环系统基本正常运转，自净化功能其实还是能够照单降解化灭之。平时在微风和无雨的情况下，那些一二级状态的时日就是证明。华北平原的自循环系统，即使到现在仍然具有内在的自愈功能和恢复能力，这是我们可以摆脱雾霾灾害的最重要基础和依据。所以说平常境界有文章，正常状态藏奥秘，因为治理雾霾的根据和标准、规律和方法，皆在此中。

■ 因为反常而发见正常，真正明白了正常即可调治反常

第二，反常境态即雾霾持续境界，对我们的认知也很关键。正是从雾霾肆虐的反常境界，我们才意识到自循环系统的巨大作用，才知道

自净化功能有多重要。因为反常而发见正常，真正明白了正常即可调
治反常。再有，在雾霾持续期间，污染指数基本持平或缓慢波动，而
没有继续一路攀升，这恰恰说明系统之自净化机制又在起着部分作用。
因为这期间的排放还在继续，指数在污染高位变化不大的现象，同时
也就意味着当下排放及二次生成的污染物，除了部分传输蔓延，还有
着相当程度的自行降解。若像开始转落雾霾境界那样自循环系统陷于
停滞，污染物不断聚集持续叠加，雾霾过程两三天甚至更短时间就会
达到严重污染，趋势再延续指数爆表也很容易。所以，在反常境态中
的多数情况下，实际上依然有正常降解机制在适当发挥着作用，这同
样是灾害性雾霾能够得到治理的积极内因。

■ 从正常到反常的境界转折最为复杂莫测，于此我们的未知还非常之多

第三，从正常境态到反常境态，这个境界的转折变化最为复杂莫
测。转落雾霾境界即为天气与地气不应，循环系统阻滞，自净化失能，
表现为污染指数开始明显上升。但是，目前对于这一境界转换，我们
的未知还非常之多，比如：

①转境的具体机制是什么？

②这一转境的"开关"在哪里？

③它又是怎么启动的？

④ 如果从雾或霾分别来说，天气是怎么"不应"而成雾的、地气是怎么"不应"而成霾的？

⑤ 这一启动需要什么主要因素或关键条件？

⑥ 每次启动之后又是如何发作、如何盛行起来的？

⑦ 既然有从启动到发展，然后这次雾霾终于成气候，肯定还会有许多没有启动成功或启动不久便终止与回转的情形，那么其抑制因素是什么，它又是如何作用的？

⑧ 再有，每次雾霾境界的时间之长短、覆盖和波及面积之大小、失能程度的档级之强弱、启动和结束速度之缓急等等，又是被什么所控制和决定的？

⑨ 以循环系统之自净化机制失能程度来看，至少可以分为全部失能、大部失能、半数失能、小半失能等几个档级，再界定还可以更为精细……

——对于上面列举的这几点，应该说我们都还完全不清楚，皆之"不知"；甚至还有许多的不知，我们现在连提出问题的资格还不具备。

■ 我们治理雾霾，就是要从反常回转正常；而每次雾霾终结，其实都是天在做、人在看

第四，从反常境态复归正常境态，就更值得仔细探究。转落反常与复归正常，从机制、要素和条件来说，应该是一体两面，得其一便可

知其二。我们治理雾霾，直接想做的就是从反常回转正常这件事。而这件事自然本身就经常在做，因为每次雾霾的终结，都是天在做、人在看。就"看"来说，我们现在应该能够看到，雾霾之结束并非完全是冷空气之所为。有的时候，没有明显的冷空气活动，严重雾霾也会自然消失。所以，最终实际如何，就"看"我们是否能够透彻认识自然、真正颖悟自然。

■ 循环系统本身实际上就在经常不断的自启动、内启动，这一特性非常重要

自循环系统奇妙异常，我们现在对其确实还知之甚少。其中尤其是以自循环本身的自行启动、自行调整最为神奇。

我们本应意识到，循环系统本身实际上就在经常不断的自启动、内启动，这一特性非常重要。因为现代社会可以说没有零排放的时段，所以空气质量水平无论处于什么点位，指数曲线若大致持平，即可视为自循环系统基本在运作，降解着与当下排放量相当的污染物。如果曲线呈现为大幅下降，则说明自循环系统在加速启动，自净化机制的实际降解能力超过了当下排放量。犹如循环系统发出统一指令，无数水汽微循环（细胞）立刻被激活并且爆发性活跃，天量污染颗粒物于是迅速被降解清除。用这样的眼光，就可以看到自循环系统大部分时间都处在运转以及不断启动的工作状态。

　　图16和图17记录时段的气象条件都是无持续风向微风。在风力很小、作用微弱的情况下，从霾聚霾消、指数的高高低低，可以比较清楚地看出本地小微循环的工作效能和强弱演化。而距离不算远的各站点的逐时变动，也说明是局地小微循环为主导。各站点指数涨落起伏差异很大甚至向度相反，似乎显示自循环"开关"的频繁转换，同时也可以看到自循环机制经常不断地自启动和内在启动。

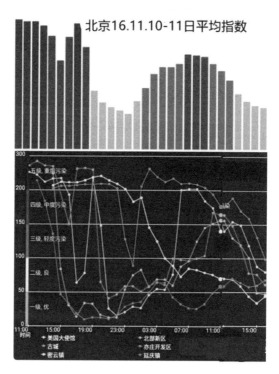

图16　北京2016年11月10~11日空气质量平均指数与站点指数曲线逐时对应（据"在意空气"APP、"全国空气质量"APP）

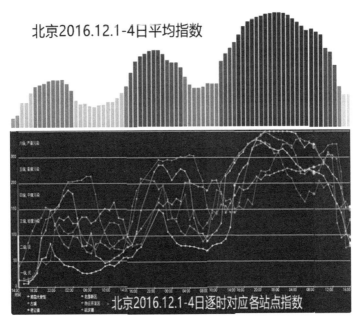

图17　北京2016年12月1~4日空气质量平均指数与站点指数曲线
逐时对应（据"在意空气"APP、"全国空气质量"APP）

　　既然是一个完整的存在系统，那么它就必然要运动要变化，必然
自循环。在地下水持续下降和环境污染及生态破坏的大背景之下，系
统内在的循环力不断弱化，逐渐失势、失态、失衡、失能，所以，系
统时常会落入微循环停滞障碍、天地之气难以交易流通的反常态，表
象即为雾霾一次又一次的发作。但是，系统阻塞而停滞，只是相对暂
时的非常态，系统本身又一定会自转机而启动循环，一定会不断地自
动回归到相对正常的循环运行状态。哪怕勉强运转，哪怕循环通运度
较低，系统内在也会不时冲破否塞停滞状态，而一再自启动、自调适、

自化通、自恢复、自运转——这就是自循环：自性循环、循性自环、环性自循。

■ 天地气场境态之转换，即地气与天气从不应转到应，经常为须臾间事；境界一变，各种尺度空间的灰霾皆之当下自消

在许多次雾霾结束以及指数明显下降期间，以作者的具体实地感受来说，在目力所及的视程距离上，从比较浑浊到比较清朗的转变，往往就在几分钟之间。由此也可以知道，真正转变的是天地气场，也就是大循环系统的整体境态。这种系统境态转换的开关换挡，也就是地气与天气从"不应"转到"应"，当为须臾间事。即使是"风到霾消"，与其说是风来而境转，不如说是场变而风行。因为说到底，是天地水气循环系统的通塞及其程度，决定了自净化即微循环效能；而风力之大小，只是外在现象之一。

如果尺度再缩小，具体到我们生活的空间，也可以发现自循环的无所不在，可以感觉到自净化的独特作用。在雾霾结束过程相对迅速时，如果留心观察就会发现，基本密闭的室内与室外的指数竟然是在同步降低。这个现象实际上非同一般，因为如果是从理论上讲，PM2.5作为细颗粒物，会长时间在空中悬浮滞留，怎么可能在基本密闭的房间里它自己一下就没有了呢？其实这与我们多次讲到的"就地霾消"的道理一样，这本身即为自净化机制的作用。原因就在于只要是整体的境

界场态一转变，自循环一启动，天地之气一相应，无数水汽微循环立
刻激活，所以就能够很快降解各种尺度空间的悬浮颗粒物。

■ 面对复杂系统可以有两种思路。知有所不为与有所为，当可遂行自循环而顺应自循环、系统调治而调治系统

自循环作为层级众多的复杂系统，对其种种因素、条件和关系，
我们可以越切分越精细，同时也会越追溯越繁多。即如PM2.5组成极其
复杂，几乎包含元素周期表所有元素，涉及30000种以上有机和无机化
合物，包括硫酸盐、硝酸盐、氨盐、有机物、碳黑、重金属等。（王跃
思，2013）再加上不同存在境界及其相互作用，欲知其详如同入海算沙。
即使我们了解得再多，也不可能尽知所有方面、所有因素和所有变化，
总会有更多的未知在我们已知的前面和外面，更包括在我们已知的"里
面"的诸多未知。正因为我们面对的是自循环系统，而自循环本身就
具有自动正常循环运行的特性和能力，所以，对于我们来说，最重要
的是避免和减少对自循环系统干扰破坏较大的行为，而尽量顺应自循
环，辅助自循环，助力自循环之恢复正常状态。因此，关键在于明白
自循环的根本与境界，把握自循环的规律与变化，知道我们自己的有
所不为与有所为。在反常境态中，在系统的四境转换中，促进自循环
系统的自行调整和自行恢复。而既然是自循环，它也一定会自然周运、
自行正常。

　　——这里我们也可以看到两种思路。着眼整体的境界观，以启动和顺应系统自身活力为主的思维和方法，应该说更有利于调治反常而复归正常。因为我们认识的局限，许多细节和具体因素我们很难全部掌握，所以，遂行自循环而顺应自循环、系统调治而调治系统，当可更为切合实际，亦可较为有效自然。

　　就像健康的人体自然具备安全而高效的免疫系统一样，只要我们能够顺应和维系水气循环系统的正常运行，自循环机制和自净化功能自然会让我们安然无事。

18

以华北平原为根据地、以大城市为中心的雾霾成灾之
演化模式

■ 从自循环体系标准来看，城市规模和现代化程度与自循环系数往往成反比，故常常成为雾霾发作中心

华北平原落入雾霾常态化境界，整体来看，循环系统严重失能，但尚未全面失能，自净化功能多有丧失，还不是彻底丧失，所以应该还属于恶性循环的初级阶段。从进入雾霾模式以来，也并非始终是雾霾笼罩，2013年至2016年间，每年大约有二十几次明显的雾霾过程，如同大病之后的间歇性发作。

具体场次雾霾的发生和发展，一般呈现以大城市为中心的发作和蔓延模式（一场严重雾霾经常是多中心发作）。现代大城市的自循环系数都很低，本身已经成为"病灶"，同时又是集中产生污染物的地区。在现代城市环境中，从大量消耗水资源和超采地下水到把大量污水排

送至外界，从无处不在的硬化表面到建筑风阻和热岛效应，从稀疏的植被和只有装饰作用的人工草坪到各种污染物的集中和持续排放等等，几乎方方面面都是对循环系统的隔阻和破坏。城市的硬化表面不能降解污染物，颗粒物落地暂时附着于斯，遇有气流扰动便又离逸，形成反复污染的循环。而本为补充当地水资源的降水，雨量稍大即致城市内涝，相当部分雨水还要从排污渠道外泄。凡此种种，足见现代大城市自循环机制和系统功能之差劲。

从自循环体系来看，城市规模和现代化程度与自循环系数往往成反比。因此，未来生态城市的规划建设，应该建立一套自循环机制系数评价标准体系。自循环系数可以成为比较准确的整体生态环境系统以及各个子系统的衡量指标。

■ 在系统下行的态势中，范围越大，临界点系数越低，负面的相互影响越明显

地下水下降、环境污染和生态破坏对水气循环系统影响极大。三者相互作用综合累加，最后越过循环系统承载极限的临界点，发生境界性逆转。临界点也是一个动态指标。在系统下行的态势中，范围越大，临界点系数越低，负面的相互影响越明显。若自循环系统失衡的区域小，周围地区尚可辅助补救，适当恢复自循环，或在辅助中一起循环运行。失衡区域越大，所需外力越大，补助与恢复也越难，自身越容易落入

恶性循环。

　　大城市作为现代经济发展的中心，同时也成为污染和雾霾的重灾区。城市规模越大，维持基本循环所需要的辅助面积相应也越大，同时其辐射削弱压制周边地区自循环功能的范围也就越大。在经济持续快速发展过程中，以大城市为同心圆，较大区域的自循环能力都在梯次同步衰减。尽管大城市远郊、小城镇和乡村地区的污染物排放相对要少，但地下水下降而地气衰弱作为主要因素，导致本地自循环系统已从根本上被削弱。土壤污染、水体污染和大气污染等，皆为抑制自循环的因素。乡村大面积耕地板结和污染，其对循环之滞隔，已逼近城市之硬化地面。自循环功能越弱，越容易被外力左右；自净化功能越差，越依赖外循环。而一旦跌破临界点沦陷至反常境界，则各种因素的作用便都会转而以负面表现为主，于是污染指数以超过排放量累积曲线的形式一路疯长。所谓天下无道，良民亦从盗贼。因自循环功能衰微，很容易转落循环系统失能、地天之气否塞的雾霾境界，区域外循环风力减弱即可经常成为症状发作之诱因。周围地区自循环系统本已风雨飘摇，大城市一发飙，即轻易被席卷覆盖，迅速将更大区域拖入失衡与失能境态。而雾霾境态中天地气水循环停滞隔断的封闭效应，又进一步窒息原本微弱的小微循环，这本身又演化为"气象扩散条件不利"的因与果。在这样的境界中，污染物也就更难以降解，且不断聚集化合二次生成以及相互传输转嫁，复又形成共生叠加的恶性循环。这成为2013年初以来灾害性雾霾以华北平原为原发地和重灾区，在我国中东部地区大范围蔓延和频繁发作的主要因果演化模式。

■ "境界纠缠"：京津冀地区在2012年底率先突破质变临界点之后，随即把黄淮平原、汾渭平原、东北平原、长江中下游平原和长三角等地的临界点系数明显拉低

2013年之所以成为全国中东部地区的"雾霾元年"，其中的深层原因还值得我们进一步探索。

自然循环系统为层级体系之整体，必然会产生如同量子纠缠的"境界纠缠"。京津冀地区在2012年底率先突破质变临界点之后，随即把黄淮平原、汾渭平原、东北平原、长江中下游平原和长三角等地的临界点系数明显拉低。京津冀地区本身从偶发性雾霾境界堕入雾霾常态化境界，而上述这些地区则纷纷从普通型大气污染境界也开始落入雾霾偶尔发作境态。华北平原大漏斗区沦为灾害性雾霾的"主场"和"根据地"之后，不仅这一地区本身被严重雾霾频繁祸害，而且拖累中东部许多地区的水气循环系统明显弱化，从境界上也都跌落了一个台阶，已经不复为原先的普通型空气污染境界。这些地区一方面很容易被外力裹挟而入霾境，同时自身也动不动就来一次雾霾或疑似雾霾。

这一境界转折点也很重要。京津冀地区大致在21世纪初进入雾霾偶发之过渡交替期，那时全国乃至地球上都还没有形成灾害性雾霾的"主

场"和"根据地"，所以那个时期偶发的雾霾，从严重程度、时空范围到发作频度相对都不高。而从2013年开始，京津冀地区堕入雾霾常态化，这一复合型生态环境灾难，开启了一个前所未有的新境界。在其境界纠缠的影响下，中东部其他地区的雾霾偶发之症状，也就比当年处于交替期的京津冀地区的情形更为典型，也严重许多。

■ 严重雾霾中心区域的南移及其辐射影响；自循环系统内在的共振效应与联动作用，引发诸多区域的境界性下行变化

2013年灾害性雾霾突然降临时，最严重区域是人们经常讲的"京津冀地区"；近两三年，严重雾霾的中心区域显示有所南移，主要是在河北中南部到河南北部，即保定—石家庄至安阳—郑州一带。约略从2017年春开始，京津唐地区则大致逐步退出最严重的中心区。以上述雾霾严重区域为中心，向南延伸覆盖黄淮平原，使其与华北平原的雾霾常态化区域已经基本连成一片；再向南则时常明显影响长三角和长江中下游平原。中心区向西牵动汾渭平原，近年来已经基本沦为雾霾常态化地区，西安和太原在全国74城市污染物排行榜上的名次不断靠前，逐渐进入雾霾最严重的"第一梯队"（参见第三章13节之列表）。中心区经京津唐地区再向东北则影响东北平原，东北地区的雾霾发作起来时常也很严重。

从2013年初开始，灾害性雾霾突然成为社会热点和公众事件，我

国中东部地区突然连锁陷霾中招，其中污染物跨区域长距离的传输扩散还属外因，主要应为自循环系统内在的境界纠缠、共振效应与联动作用所引发的诸多区域的境界性下行变化。近年来韩国和日本等地曾担心和宣称中国雾霾污染的扩散和输送，实际上可以作这样的理解：作为更大循环系统整体的一部分，主要还是本地自循环系统自身之问题，渐次在大系统共振中被触发放大并开始显现。中国的中东部地区与华北平原的相互关系和联动现象即之如是；地球作为循环整体系统及层级单元，各个国家和地区亦之可如是观。——此亦为"全球一体化"。

地气作为主导因素的循环系统之四种境阶。我们面临的
两种前景：可恢复与不可恢复

■ 四季转换规律导演的水气循环系统年度周期

自然存在本为一体，而人们则需要从不同角度认识存在。对于水
气循环系统，我们可以从时间、空间和境界等视角分别来看。时间上
看四季运行，空间主要看地气与天气的强弱变化，境界上看水气循环
的层级系统。

四季转换规律导演着水气循环系统的年度大周期。

春生夏长，升发为主，生机旺盛，微循环活跃而稳定，所以二三季
度的雾霾相对为轻，发生频率相对也要低一些。尽管三季度平均风力为
全年最低，但因为内生型微循环功能较好，故污染物降解率也比较高。
即如森林内部虽然风力较小，但水汽微循环充分，空气质量一般都要优
于外界。

秋收冬藏，沉降为主，气机内敛，天地能走弱，微循环趋缓，复因地下水下降而被削弱的系统便会更多地失能停滞，所以雾霾在四季度和一季度往往比较厉害，发作次数相对也多。这个季节多以冷空气活动为代表的外循环为主，风停之后，通常雾霾很快卷土重来。空气质量指数曲线经常呈现为大起大落的锯齿形态。

■ 内生型自循环主依地气，地气主生灭；外应型自循环主依天气，天气主动静

以地气与天气分别而看，地气主生灭，天气主动静。地气之盛衰主导循环系统通与隔之性状，天气之化变影响系统循环行与滞之程度。

从理论上说，自循环可相对有内生型与外应型之分。内生型自循环主依地气，地气旺而循环生，故相对持久而稳定；因其稳定则一旦失能其复原亦难。外应型自循环主依天气，天气行而循环动，故相对表浅而活泛；因其活泛则容易生发也容易失却。内生型自循环之于污染物以本地降解和随时净化为主，外应型自循环对污染物的降解与扩散之输移比，通常相对要大一些。

■ 微循环决定雾霾生灭，场态决定微循环效能，境界决定场态通塞，地气决定境界层阶

从水气循环层级系统的逻辑关系上看，微循环决定雾霾生灭，场

态决定微循环效能，境界决定场态通塞，地气决定境界层阶。

华北平原地区近年来只是刚刚开始进入雾霾常态化境界，即属于恶性循环的初级阶段。相对以前，问题之严重前所未有；而相对以后，现在的情况也许还不算特别糟糕。

说初级阶段有两层含义：一方面发展下去会进一步恶化；同时，因为刚刚进入恶性循环，只要认识准确、措施得力，相对来说比较容易扭转境界，比起病情更加严重的时候再抢救，应该说还可以事半功倍。

从地域空间来看，区域循环系统的质变与恶化，主因当为地气的衰败。如果雾霾常态化地区的整体地气不能得到有效的补益和恢复，则循环系统必然继续恶化，其可以预料的后果是：

负效应倍增，加速度恶化；

系统相互影响，剧烈震荡；

难免遭遇未知的恶性突变。

■ 地气继续衰败，将会负效应倍增，加速度恶化

既然自然循环系统为一体之存在，那么净化机制失能，其影响不会仅限于空中的大气质量，对于水体和大地等子系统诸多运行机制与净化功能，肯定也会产生重要影响，并逐渐有所显现。

在循环系统内在失能的境界中，损害最大的还是生命系统。循环系统失能会影响所有的生命，势必加剧物种灭绝和生物多样性之浩劫。

关于雾霾污染使人罹患疾病，已经陆续有许多研究和报道。加拿大渥太华大学曾对美国50个州和波多黎各地区的18万名非吸烟者进行了长达26年的跟踪研究，发现PM2.5与肺癌之间存在明显相关性。研究数据表明，PM2.5浓度每增加10微克/立方米，肺癌死亡率增加15%至27%。世界卫生组织已于2013年将"室外空气污染"列为一类致癌物，并将它视为迄今"最广泛传播的致癌物"。（经济参考报，2014）据中国环境规划院《中国环境经济核算报告（2004～2010）》，仅以PM10为核算因子，2004年至2010年，我国因空气污染导致的早死人数达到35万至50万人。（王金南，2014）根据世界卫生组织对全球91个国家1100个城市的空气质量排名，我国32个省会城市PM10的浓度在38至150微克/立方米，排名位于812至1058位之间。我国的城市空气污染情况已经到了极其严重的地步。北京大学肿瘤医院主任医师顾晋2014年在有关论坛上表示，在致癌因素占比统计中，环境因素相关率高达85%。与北京市空气污染严重相关的数据是，近5年来北京市的肺癌发病率增长了70%。（顾晋，2014）严重空气污染直接导致的各种疾病，还只是显性之病。而在循环系统不断恶化的天地否塞之中，诸多因果错综复杂，人类的各种隐性病患和莫名灾祸还会越来越多，所有人的生命质量和人均寿命都将受到严重损害。

■ 系统相互影响，剧烈震荡

如果循环系统继续恶化，不仅华北平原、黄淮平原和汾渭平原灾害性雾霾频发，东北平原、长江中下游平原和长三角等偶尔发生雾霾的地区，也会堕入雾霾常态化境界。恶性循环地区不断扩大，失能区域越来越多，我国中东部地区的总体生态环境将更趋恶化。循环系统失能的程度越深、区域越广，内外净化机制的衰弱乃至丧失便越甚。

恶性循环境界中的所谓平衡方式，经常是大起大落。系统整体下行的具体表现，往往是反复在极端之间剧烈震荡。就像全球变暖，地球的年平均气温比正常值高了零点几摄氏度，从数值上说不过是热了一点点而已。但就是这一点点升温，就足以使整个地球遭逢发烧。发烧即为忽冷忽热，痉挛抽疯。近年来世界各地频繁出现各种极端气候现象，大概就是因为全球的平均气温仅仅高了那么零点几摄氏度。

■ 有可以预料的，就必然有不可预料：我们不知道下一个境界恶变将会是什么

问题还在于，有可以预料的，就必然有不可预料。比如华北平原地区2013年以来突然遭遇的灾害性雾霾，事先就没有任何人曾经预料到。预料都是根据已知进行的逻辑推演，而人类对于存在万有毕竟知之甚少，未知毕竟远远大于我们的已知。

雾霾常态化主要表现在大气方面，如果系统失衡蔓延演进至水体，水体的循环降解净化能力也突然失能，灾难比雾霾可能更其恐怖。我们现在所说的一般水污染，相当于普通型空气污染；而富营养化和赤潮等水污染事故，则类似于偶发性雾霾，为局部自循环失能。再往下，若下落到相当于灾害性雾霾的层级，也就是整个水环境循环系统的内在机制突然失能，相当大范围的水体一下子全部变成死水、臭水，其恶性影响和灾难程度将更甚于雾霾。

再假设，系统失衡恶变发展到土壤，如果整个大地的养育承载功能和循环净化能力突然大部失能甚至彻底丧失，会是什么结果呢？那将是植被死亡，作物绝收，家园毒化，所有生命都无法生存……

有科学家指出，持续雾霾天气影响植物光合作用，可能威胁国家粮食安全。2013年6月小麦灌浆期间遭遇雾霾，北京连续一个星期没有太阳，在顺义的大面积小麦新品种高产试验受到影响，比上一年减产15%至20%。（孙宝启，2014）而以地下水深埋为主因的地气失据和循环系统失能，远不止是影响光合作用的问题。若大地丧失了生机，天地之气断隔衰竭，那将是整个生态系统的恐怖性巨大灾难，后果不堪设想。灾害性雾霾频发的地区，都是我国粮食主产区，如果整体循环系统持续恶化，发生突发性大幅度减产甚至绝收，情势将极为严峻。

如同雾霾灾难之突然爆发一样，我们不知道下一个整体境界的恶性质变将会是什么。但如果循环系统继续恶化，肯定还会有更大更要命的灾难在前面伏击着我们。

■ 从地气态势为主因看水气循环系统，可分为四大境阶

在水气循环系统中，地气与天气相互作用。地气的可见基础，主要是地下水及水环境和地面植被；天气的明显因素，则主要为冷空气活动和云系运动。天气与地气虽然相因互果，但是对于区域水气循环系统来说，地气属于内因和本因，所以经常占据主导地位。

从地气态势为主因看水气循环系统，亦可分为四大境阶：

① 地气旺盛而天气和顺，是为循环良好——此阶代表为森林生态系统；

② 地气弱化而天气失常，导致循环紊乱——此阶对应偶发性雾霾境界；

③ 地气衰微而天气无常，导致循环滞塞——此阶对应雾霾常态化境界；

④ 地气枯竭而天气极端，导致循环断隔——此阶代表为极端荒漠化境界。

■ 地气枯竭的极端荒漠化与地气旺盛的森林生态系统之对比

极端荒漠化的沙漠戈壁地区大都也存在着中下部区位的深层地下水，天空中也有云系过境流行，但就是因为浅层地下水和深层地下水

的上部已基本枯竭，地气极度微弱，天气与地气的交汇区间形同空白，气水循环于是被断隔与封闭，降水和露霜也极为稀少，植被和各种生命都难以生存，成为不毛之地和生命禁区。这就是因地气衰竭而致的恶性循环。当然，也可以说这些地区的地气已经基本不起作用，循环系统被天气所主宰。主要表现为风速较大，气候干旱严酷，降水稀少而偶然。其中还有本研究课题所关注的地表和近地空间的水汽微循环非常微弱，这又与其荒芜恶劣的植被和降水状况互为因果。

而在森林地区，尤其是天然林区，植被自然繁茂，地下水情也都应该比较正常，所以地气旺盛。地气满足，水汽微循环充分而活跃，相应的天气也就表现良好，使林区成为地球陆地中水气循环系统运行最好的区域。即使是在广袤的干旱区中，森林的存在也能创造和维系水气循环的绿洲。这是地气旺盛而主导的良性循环。

在陆地生态系统中，极端荒漠化地区风力最大而生态循环最差，同时环境承载力也最低；森林地区风力最小而生态循环最好，同时环境承载力也最高。从这两种典型境态，我们都可以看出，地气在水气循环系统中的主导地位和关键作用。只要地气正常，天气也不会问题很大，地主天随而风调雨顺。若地气衰败，则阴阳失据，天气无根而飘忽不定，整个水气循环系统亦之紊乱恶化。

在人类聚居和主要活动的环境中，地面植被通常较少且质量较差，因此地下水在地气中的权重就更大些。所以，这些地区的地下水一旦

失衡，水气循环系统便会失能，落入被冷空气活动等显在的天气因素
主导的起伏变化无常的反常境态。

■ 地气盛衰的循环系统之两端，也可视为我们面临的两种选择和两大前景

森林生态系统与极端荒漠化，既是地气盛衰的循环系统之两端，
同时也可视为摆在我们面前的两种选择和两大前景。

自然生态系统被强力破坏之后，存在着可恢复与不可恢复之两种
可能。可以通过人为努力使之恢复，或人类停止干扰亦可自然恢复。
同时，还存在着另外一种可能：不可恢复。

所谓可恢复与不可恢复，此中的关键标准主要应该就在地气本身。
如果继续不可持续的盲目发展，如果循环系统整体持续恶化，最终地
气彻底枯竭寂灭，便极有可能是不可恢复之绝境。

茫茫塔克拉玛干沙漠中的尼雅等遗址，可以视为自然生态系统不
可恢复的千古证明。1300余年前玄奘取经路过时，记载泥壤城"在大
泽中，泽地热湿，难以履涉，芦草荒茂，无复途径"。（《大唐西域记》）
而今天那废墟仿佛在瑟瑟诉说，当年那里似乎是一场生态灾难骤然降
临：地气最终断绝，地面植被全部死亡。那又是一场生态系统彻底崩
溃的毁灭性环境灾难，即使在人类逃离千年之后，那里的自然生态系
统再也没有能够哪怕是稍有恢复。

长期大面积超采地下水，加之植被破坏与环境污染，实际上即为彻底摧毁地气与断截地天气水循环之举。大地没有了地气生机，最终只剩荒漠千里和荒漠千年。

我们指出危机的前景，是为了避免危机加剧；

我们推演可能的灾难，是希望防止灾难成真。

而尼雅等遗址所定格的巨大灾难之历史标本，当可视为对现代人类的终极示警。

极端荒漠化的沙漠戈壁地区，经常是疾风肆虐，飞沙走石，气候干燥而恶劣。这种极端荒漠化是近乎于天地气断绝的境态，同时，自循环寂灭还有另一种境态，即循环完全停滞而霾瘴弥漫不散的极端雾霾化。通常持续经久的严重雾霾之所以要靠大风才能驱散，实则即为恶性循环的一体之两面。如此之暴滞与暴散的搭配，和暴旱与暴涝、暴冷与暴热之相伴一样，都是循环系统的极度反常态。虽然这种极端境界目前在地球上还只是局部现象，但是，地球的近邻火星和金星则明确告诉人类，那也可以成为一种行星的整体环境。

我们人类寄居的小小地球的轨道，就处在荒凉寒寂的火星和闭锁热寂的金星之间。人类的无知和不负责任的行为，正在使我们这颗脆弱的行星向哪一边靠拢呢？

——我们不知道。

正本清源还净土，东风不信唤不回——三大规律
指导自然整体调治，补益复新生态系统

CHAPTER 5

20

观念创新天地宽。明确我们这代人的历史担当，在中华
文化和东方思想的现代化中开创出未来之路

■ **看到自己的观念，才会发现我们现在认识雾霾的观念，与引导
我们追逐发展而陷入雾霾的观念实际上同出一源。追求物质利益
的文明模式，已经达到或接近其境界尽头**

　　严重雾霾灾难似乎是突然降临的，但这又是我们长期追求单纯经
济发展的必然结果。工业文明和消费社会的现代化观念，将我们一步
步引领到了雾霾四起的危机境地。而从本课题的研究中我们还可以明
显觉知，继续沿用专业分隔的科学理念，我们连这一危机的本质和原
因也基本无法看清。

　　唯有看到自己的观念，才会发现我们现在认识雾霾的观念，与引导
我们拼命追逐发展而陷入雾霾的观念实际上同出一源。囿于这种观念，
我们能够看清雾霾吗？若没有新的观念资源，我们能够破解雾霾困境吗？

人类从西方工业革命开始的追求物质利益的文明模式，已经达到
或接近其境界尽头。现代人虽然似乎有能力改变一切，却离开自己存
在之本来越来越远。而正是被人类改变了的环境，将促使人类自身必
需脱胎换骨。人类是如此彻底地改变了自己的生存环境，这种改变已
经彻底到如此地步，即如果不彻底改变我们自己，不彻底改变我们的
生活方式、观念价值和文化体系，人类就不可能在这种环境中继续生
存下去。现代人类的彻底改变与脱胎换骨，首先即为正本清源，回归
本来，才有未来。

中国的人口环境资源国情，决定了我们根本不能再走单纯追求经
济发展的消费社会之路。

中国源远流长的传统精神资源，决定着我们最有可能创造一条以
文化立国为核心的民族复兴之路。

我们需要在中华文化和东方思想的现代化中开创出未来之路。

■ 观念即存在。人类的命运从来也没有像现在这样决定性地取决于我们对地球上的生命和生态系统的态度

人与自然的关系，贯穿整个人类发展史。随着现代人类能力的不
断增强，人在这一关系中的作用也日益提升，意即人类的责任在不断
加重。

人类是地球生命进化历史的产物，也是自循环之造化。人类是在

自己不知的过程中、在自己无法把握命运的情况下来到这个世界上的。今天，我们开始了解这一过程，并逐渐介入影响这一进程。无数种植物、动物和人类本身的命运，都将受到人类观念和行为的深刻影响。从今而后，不管我们是否愿意、是否自觉、是否担当，人类在地球生物进化过程中，注定都要起中心作用。如果我们放弃这种责任，或者哪怕稍稍失职，地球就不会原谅我们的后代，后代就不会原谅我们。

人类的命运从来也没有像现在这样决定性地取决于我们对地球上的生命和生态系统的态度。

人类的现有知识已经发现，简单的维持生命的系统是极不可靠的；我们的生物圈之所以在以往的几十亿年中异常可靠，是因为作为一个整体它并非简单。

如果我们以破坏自己的生存基础为代价而追逐物质利益，脱离了大自然数十亿年完善起来的生命防护体系，在风云莫测的进化征途上，孤独的人类到底还能走出多远呢？

人类干预自然的能力越强，人类的智慧便越发重要。所谓智慧即为人类对于存在自然的体悟深度、对于自循环规律的自觉遵从度。

更深的自循环，为人的内在自循环。人之自立于天地之间，人类之不同于动物，在于身心自循环及心性自循环。外在问题，皆因内在失觉。内在自明，方得外在自觉。

■ **认识雾霾，须穿透观念雾霾。立足原点，从本来出发，不断会有新的发现；更重要的是对原点的反复深切觉知和对规律的总结与知行**

以华北平原为代表的因大面积地下水降落漏斗区而导致循环系统失能的雾霾常态化，应该说是全球前所未见的复合型生态环境新灾难。认识和治理灾害性雾霾，是人类面对的新挑战。罹患疾病者，多为不明不白糊里糊涂；但要治理康复，必需知规律而合法度。因为观念之迷茫，我们陷入雾霾之歧途；要走出灾难化解危机，则要靠智慧思维穿透观念雾霾。

本课题研究起之于严重雾霾为何于2013年突然降临之发问，继而以"天气下，地不应，曰霾；地气发，天不应，曰雾"而破题。余沉究《黄帝内经》与《尔雅》，颖悟古哲观念真义，体会存在之本来，思维境界为之一新。以地气天气为认知原点，发现和建立起水气循环系统的新理念；从地气天气的发与不发、应与不应，鉴别出常态空气污染与灾害性雾霾之两大境界；从不同境界致霾污染物的不同生灭，发现了水汽微循环—自净化机制；从境界的自行转换，发现和提炼出自循环这一核心观念与根本规律。再反复探究境界质变之推手，发现大面积地下水漏斗区与灾害性雾霾根据地的高度相关性，进一步意识到地气在水气循环系统中的主导作用——又回归认知原点。

原点之为原点，即在于其对认识存在和认知本身自有不可替代的作用。人所未见的新发现看似很重要，其实不过是反复深入认知原点过程中的附带外在表现。对原点的觉知越深切，于本来境界越明白，种种外相的束缚干扰便其越少，就能够不断发现、总结和提炼新的规律，使我们的知行更为自觉。

■ 人努力、天帮忙之新解：人类在地上的折腾致使地气衰而天气乱，说明雾霾灾害的气象原因主要也是在人；经过人努力，使地气恢复而天气和顺，亦之事在人为

现在说到雾霾治理，人们经常讲：人努力，天帮忙。人努力主要指减排，近几年减排的力度确实越来越大；天帮忙则是气象条件，在这方面看起来人似乎还是无能为力。

而如果是从水气循环系统的角度再来看人努力和天帮忙，其内涵和境界则会有所不同。

在整体循环系统中，天气地气本来一体而相互作用。就导致灾害性雾霾的所谓"气象扩散条件不利"来说，实质上并非纯粹是自然天气的原因，而主要是人类行为的后果。因为人类长期过度攫取水资源尤其是地下水，再与生态破坏和环境污染综合作用，致使循环系统失衡而失能，跌落雾霾常态化境界。所以主要原因不在外在的气象条件，而是人类在地上折腾的结果，最终地气衰而天气乱，导致雾霾频繁光

顾。如此说来，对于天气因素，人类并非无力回天。因为事实本身已经很清楚，从2013年开始我们正在经历的雾霾灾难，就是所谓"人定胜天"的苦果；那么反过来看，这同时也就是人努力之能为、可为与当为的证据和证明。

既然雾霾灾害及气象条件的主要原因和主要责任都在我们人类自身，那么，治理雾霾中人的努力，当然不会也不应局限在减排这一个方面。实际上，从2013年雾霾突然严重以来的这几年，也正是我国生态文明建设全面提速的时期。整体而看，近年来不仅是治理大气污染和减排的力度前所未有，水资源管理包括地下水的保护和修复、林业建设和植被恢复、土壤保护和荒漠化治理等等，生态环境各个方面的治理和建设力度都是前所未有。所以，人努力于生态环境综合治理，结果就不仅是天帮忙，而是地气恢复而天气和顺，是之谓事在人为，天随人愿。

就灾害性雾霾而言，我们理当放弃所谓"气象扩散条件不利"的责任推诿与观念逃避，真正承担起修复地气理顺天气的责任，廓清观念雾霾，把握自然规律，化雾霾危机为历史性转机，自觉探索出中国社会主义生态文明建设的崭新道路，把我们这代人曾经拥有的碧水蓝天，复新如初地传给下一代。

■ 知常曰明。从根本入手，按照地气决定境界、植被决定降水和自循环系数决定水资源量这三大规律，地下、地表与空中三位一体努力补益和恢复自然生态系统

本课题研究反复论证，以水气循环失衡为主的自然循环系统失能，是雾霾成灾的内在根源。所以，要根治雾霾，必须在修复循环系统上下大功夫。这既是治霾之本，更是我们的存在之根。忘记根本，难免遭遇根本问题；不见根本，很难根本解决问题。老子云："知常曰明。不知常，妄作，凶。"（《道德经》十六章）

对于灾害性雾霾，乃至对于整个生态环境，根本即为水气循环系统。从根本与表象来看，1998年至2012年期间北京的"蓝天计划"，其减排措施和力度，在当年的条件下，应该说也是尽了最大努力，而从空气质量指标衡量，亦之非常有效。但是，因为未能抓住根本，虽然空气质量连续14年逐年明显好转，可是内在的水气循环系统境界却不断下滑，最终在2013年落入雾霾常态化境界，结果十几年的减排成果近乎于一笔勾销。

再看境界转入雾霾常态化的这几年，也并非一年365天始终是雾霾笼罩，实际上每年大约发生二十几次雾霾过程，明显污染天数"仅仅"占全年的五分之一左右。但就是这一小部分反常时日，大幅度拉低了年均空气质量数值。2017年北京的雾霾状况是2013年以来程度最轻的一

年，全年约发生16次雾霾过程，中度及以上污染天气和PM2.5数值超过100微克的日数共计47天。如果分别计算，这47天的PM2.5日均值为163微克，而其余318天的PM2.5平均浓度仅为42微克——期间还有50多天为轻度失能。（据"天气后报网"数据统计）这也就意味着，假若自循环系统和自净化机制能够基本正常运作，即使在2017年的排放水平上，北京的PM2.5年均值即可大大低于35微克/立方米。

这样我们就可以看出，对整体空气质量影响最大的是严重雾霾天气，所以治理雾霾的关键在控制雾霾天气、削减严重雾霾。要控制雾霾天气、削减严重雾霾，则需整体改善水气循环系统和生态环境。因此，以地下水及水环境和植被状况为基础和根本，努力培养复元地气应该作为生态环境整体治理的重点。若地气能够得到逐步恢复，地气与天气逐步转为良性互动，水气循环系统便可从失能境态回转至相对正常境界。

恢复自循环、调治自循环、补益自循环、助力自循环、重建自循环，需要观念自觉，必须遵循规律。清楚原理，明白规律，即可顺应自然而自然调治。

对于水气循环系统，我们再总结提炼出如下三个具体规律——地气决定境界、植被决定降水和自循环系数决定水资源量，作为地下、地表与空中三位一体补益和恢复自然生态系统的理论依据。

规律之一：地气决定循环系统境态。地下：严格限采和回补地下水，尽最大努力修复水环境，扎实生态根基。

规律之二：地面植被决定降水量。地表：自然封育加工程治理，全力做好植被保护和恢复，庄严绿色国土。

规律之三：自循环系数决定水资源量，故水资源的最大增量就在水气循环系统的正常运行本身。空中：在我国北方地区从西到东系统启动人工降水调治工程，甘霖锦绣江山。

诚如习近平主席之所宣示："我们要以更大的力度、更实的措施推进生态文明建设，加快形成绿色生产方式和生活方式，着力解决突出环境问题，使我们的国家天更蓝、山更绿、水更清、环境更优美，让绿水青山就是金山银山的理念在祖国大地上更加充分地展示出来。"

21

规律之一：地气决定循环系统境态。地下：严格限采和

回补地下水，尽最大努力修复水环境，扎实生态根基

■ **从地气—地下水的主导作用，看北京与河北地区2013年前后
的双向反差**

　　几年来治理雾霾的努力不断加大，到2017年终于开始见效。这既
是大力减排的成绩单，同时，各个领域生态环境治理的贡献亦之功不
可没。整体治理之功，系统恢复之力，是为基础功力和根本功利。

　　要明白2017年以来发生的明显变化，我们还需要往前追溯。

　　请看前面第三章第15节图12，北京、石家庄、保定、唐山四地2013
年前后境界变化的对比，从中我们还可以发现这样一个特殊现象：在
转境之前即普通空气污染境界，河北这几个城市的空气质量比同期的
北京都要稍好一些；而转境之后即进入灾害性雾霾境界，它们的空气
质量则明显都比北京同期还要差许多。

这又是为什么？不论是看污染物排放总量的前后差异，还是看气象条件的波动变化，都难以解释北京与邻近的河北几个城市的这种双向反差。

而如果是看地气主导的水气循环系统，看华北平原地下水降落漏斗区，原因就应该比较清楚了。北京地处华北平原的西北边缘，虽然也属于华北大漏斗区，但位于边角毕竟受其规定和影响相对要轻。而石家庄和保定，则靠近漏斗中心区位。还有污染榜排名最靠前的邢台、邯郸、衡水等河北南部城市，都处于华北大漏斗中心地带。在普通空气污染的境界，这些地区的自循环功能状态都要稍好于北京，而一旦循环系统失能而转落雾霾常态化境界，这些地方的负面症状就更典型，表现也更极端。

■ 2017年冬季北京与河北对比的启示：还是从地气的主导作用，看生态环境和水气循环系统整体治理的方向和重点，看我们做对了什么，明白应该做什么和怎样做

从2017年春季开始，华北平原及周边雾霾较严重区域的空气质量，较之前几年有了相对明显改善。尤其是到了冬季，同比改善更为显著。

图18显示，2017年11月至2018年1月，北京与保定、石家庄再次形成了鲜明对比。在这个冬季，北京与河北的空气质量同比，都有了很大改善，北京、石家庄和保定PM2.5同比减幅都在74城市中名列前茅。

但是看空气质量综合指数，石家庄、保定等河北中南部城市的雾霾还
是比较严重。在2018年1月，北京PM2.5浓度月均值低至34毫克，在74
城市优良排行榜上位居第八名。而紧邻北京的保定当月数值为94，比
北京高出了60毫克，石家庄更为104毫克。无论是看排放的绝对值，还
是讲减排的力度，按说河北与北京的差距不会有如此之大；即使加上
气象扩散因素，PM2.5浓度月均值也不至于相差三倍上下。

我们认为，主要原因还应该看水气循环系统的整体境界及其自净
化机制。

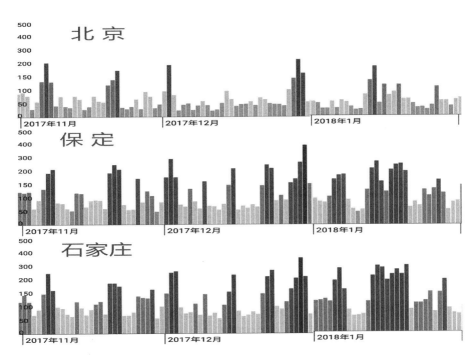

图18　北京、保定、石家庄三地2017年11月至2018年1月空气质量（据 "在意空气" APP）

　　从境界整体来看，北京从2017年春季开始，不仅是重污染天气明显减少，还似乎显示了境界性的转换，即可能正在从雾霾常态化境界开始回转向相对正常的境界。而保定和石家庄及其以南地区，虽然空气质量改善幅度也很大，但还是属于雾霾境界之内污染程度的减轻，整体上还未脱离灾害性雾霾境界。这些地区的强力减排措施及其执行落实，应该说与同期的北京不分伯仲，主要是由于雾霾境界的规定性，排放的污染物经常因为自净化机制失能而倍增乃至"暴涨"。

　　我们之所以说北京预示着很可能从2017年开始了境界性的转变，不仅是看其空气质量指数的表现，更关键的是地气有所恢复。地气的可见要素主要有二，一是地下水及整体水环境，再者为地面植被。来自北京的数据显示，地下水位连续16年大幅度下降的趋势，到2015年终于得以遏制，当年北京地下水位同比微降，而从2016年起则为整体明显回升。同时，2012年至2017年，北京市平原地区森林覆盖率由14.85%提高到26.8%，增加近12个百分点；根据第九次全国森林资源清查结果，北京森林覆盖率为43.77%，比上一次森林资源清查提高了7.93个百分点，在公布的各省市区中增幅最大。（新华社，2017）

　　地下水位整体显著回升，森林覆盖率显著增加，再有空气质量明显改善，还有北京地处华北平原地下水漏斗区西北边缘的独特区位，把这些综合起来看，研判北京地区水气循环系统的境界开始初步转变，应该是有根据和有基础的。虽然在境界整体转变的过程中，难免还会遭遇起伏进退，但只要真正明白我们做对了什么，明白应该做什么和怎么做，下大气力于整体调治，持续努力于系统修复，则生态环境良性循环的复新或当之可期。

■ 北京地下水位从持续大幅度下降到止跌回升的转折点，在2015年秋季的"阅兵蓝"及其后开始有所体现

2015年为保障纪念抗战胜利大阅兵，从8月20日至9月3日的半个月，北京连同周边六省市采取最高级别的减排防控措施，最终这段时间只有一天为轻度污染，连续好天十分难得，被称为"阅兵蓝"。而在9月4日恢复正常排放之后，总体良好天气依然持续了11天之久，为2013年雾霾常态化以来的两年多期间之所未有。

从水气循环系统的角度观察，"阅兵蓝"及其后优良天气的持续，地下水位的相对回升应该是比减排和气象条件更为重要的主导因素。根据北京市885个地下水位监测点数据，2015年7月底至9月初，地下水平均埋深为26.55米，比6月底回升了15厘米，整体地下水储量增加了8000多万立方米。严格水资源管理，雨季降水较多，加上南水北调的因素，使得北京地下水水位16年来首次回升。2015年全年北京地下水还是下降趋势，较2014年平均地下水位仅下降0.09米，降速减缓相当明显，并且在夏秋之际那段时间略为回升。（北京晚报，2015）地下水位稍稍回升，地气便得以喘息蓄积，循环系统功能就有所恢复，对大气污染物的降

解效能就有所强化。

这一影响，还体现在当年10月和11月，有四个时间段自循环"间歇性正常"，并且继续影响到了转年1月和2月，甚至使处于冬季采暖期的2月份与8月和9月一起，成为2016年空气质量最好的月份。

■ 看整个水气循环系统，北京地区能够在五年左右的时间内就基本开始了整体境界的初步扭转，确实来之不易；再扎扎实实努力数年，系统治理，治理系统，就一定能够系统改善，改善系统

作为水气循环系统的深层根基，北京市修复地下水的努力和效果，基本可以对应同期雾霾程度阶段性的相对减轻。

2014年12月27日，南水北调之水正式进京。到2016年底，北京两年收水19.4亿立方米，其中13.2亿立方米用于自来水厂供水，2.8亿立方米存入大中型水库，3.4亿立方米用于回补地下水和中心城区河湖环境。南水进京缓解了北京水资源紧缺状况，再加上更为严格的多种节水和治理措施，减少了地下水开采量，遏制并开始扭转连续十几年地下水位逐年大幅度下降的趋势。另外，北京还向潮白河水源地试验补水，回补范围24平方公里，回补区域地下水位最大回升13.98米，平均回升7.5米。（北京晚报，2016）2016年全市地下水平均水位回升0.52米，到2017年10月同比继续回升0.24米。（据北京市水资源公报）

虽然北京市限采和回补地下水并非是为了治理雾霾，但因为这是

保护水环境以及修复地气和水气循环系统的最重要举措之一，所以当然会对改善空气质量发挥关键作用，而将来人们终归也会明确认识到这一点。

从2013年进入雾霾模式，到2015年秋季的"阅兵蓝"，北京的空气质量开始出现拐点，正好对应十几年来地下水位的首次阶段性回升。到2016年地下水位整体明显回升，当年空气质量"间歇性正常"的时段也明显增多。尽管2016年12月到2017年1月初的冬季雾霾又比较严重，但接下来直至3月中旬，则大致延续了上年冬季采暖期后半程雾霾相对弱化的态势。连续两年在冬季后半期都能看出自循环—自净化机制的作用，这应该是水气循环系统境界开始转变的先兆。

北京在2017年4月下旬至8月底，除了5月初因沙尘暴导致两天重污染外，连续4个多月没有出现中度及以上污染天，空气质量之好为2013年以来之所未见。再到进入2017年冬季之后，人们对空气质量改善的感觉就更为明显。从减排防控污染，到生态环境各个方面治理的巨大努力，终于开始收获显效。

而看整个水气循环系统，北京地区能够在五年左右的时间内基本开始了整体境界的初步扭转，确实来之不易；而其示范作用与启示意义，则尤其宝贵。

再扎扎实实努力数年，系统治理，治理系统，就一定能够系统改善，改善系统。

而一旦水气循环系统从地下水的回升这一根基处开始得以改善，地气的恢复有了起色，自循环整体便可趋向相对正常。雾霾灾害从现象上即使还会震荡曲折反复，也是在提醒我们，治霾尚未成功，转境任重道远，还要持续用功于根本和系统。

■ 如果地下水艰难恢复的趋势能够得以持续，河北也有希望步北京之后尘，开始从恶性循环回转至良性循环，华北平原整体自然生态系统也将会获得根本性转机

就社会经济人口负载规模和强度而言，华北平原已经是地球上水资源最为匮乏、水危机最为严峻的地区，理应实施世界上最为严格的水资源管理律法和制度。地下水尤其应该是重中之重。地下水是水气循环系统和地气的深层根基，而在人类居住和活动的区域，因为植被相对少和质量较差，地下水的比重更大和作用更明显。而在修复和补益循环系统方面，地下水也应该是人努力的重点。在治霾减排的同时，更应在地下水方面下真功夫，将其置于绝对优先的重要地位，最大限度地限制开采地下水、禁采深层地下水，并尽量回灌补充地下水，治理地下水污染，彻底扭转地下水水位持续下降的恶化趋势，使水气循环系统的根基得以恢复和重建。

即使从功利的角度，在地下水修复上多做些努力，对于治理雾霾也可得事半功倍之效，各级政府设定的改善环境空气质量目标的实现，

至少也多了几分可能和保证。

就在北京地下水位开始回升的同时，地下水形势更为严峻的河北省也有了好消息。2014年，国家决定在河北开展地下水超采综合治理试点，到2016年，治理范围扩大到9个设区市115个县（市、区），实现了全省7大地下水漏斗区全覆盖，累计形成地下水压采能力38.7亿立方米。2016年数据显示，河北省浅层地下水位比治理前上升0.58米，深层地下水位上升0.7米。（河北省政府新闻办，2017）

河北省治理地下水的努力，也在2017年的空气质量改善中开始见效。河北全省和重点监测城市都实现了国家"大气十条"规定的治理目标，这显然是包括减排和修复地下水在内的生态环境综合治理的共同结果。

如果地下水艰难恢复的趋势能够得以持续，如果能够连续若干年使地下水水位企稳并逐步回升，水气循环系统功能便可适当恢复，河北也有希望步北京之后尘，开始从恶性循环初步回转至良性循环。果真如此，不仅可以期待北京和华北地区的总体空气质量在波动中曲折向好，更重要的是促成华北平原地区地下水危机开始转境，整体自然生态系统也将会获得根本性转机。

22

规律之二：地面植被决定降水量。地表：自然封育加
工程治理，全力做好植被保护和恢复，庄严绿色国土

■ 森林除了人们熟知的生态效益，从水气循环系统来看，还有显著增加降水量等三大功效

保护植被的意义，绿色植被在生态系统中的重要作用，已不言而喻。如果能实行比较严格的封育，即使是在半荒漠化地区，植被也能够较快自然恢复。中科院蒋高明博士曾在浑善达克沙地主持一实验项目，当地年降水量300毫米至500毫米，将4万亩严重退化的草场进行封育。第一年，草高即达0.8—1.4米，最高亩产鲜草5300斤，相当外面没有封育草场的上百倍。封育三年，生物多样性和草情就恢复到了20世纪五六十年代的水平。牧民由每户每年买2万斤干草，到每户分到7万斤干草，从此牧草出现了富裕。（蒋高明，2005）全国许多地区都有自然封育和工程治理使植被恢复的成功经验。只要坚持保护优先、自然

恢复为主，充分发挥自然系统的自我调节和自我修复能力，通过封禁保护、自然修复的办法，让生态休养生息，植被基本都可以较快恢复和自然好转。

森林的生态效益，诸如涵养水源、调节气候、保持水土、防风固沙、生物多样性、氧气与二氧化碳循环等，人们都已熟知。从水气循环系统来看，森林还有三大功效：一是森林能够显著增加降水量，二是森林地区的水汽微循环最为活跃，三是森林为地气天气互接相应的良好中介。

■ 重新认识植被在生态系统中的重要作用。季风理论为何无法解释我国西北干旱地区中的几片"降水特区"？

在这里我们需要重点讨论一下"地面植被决定降水量"这个新观念。这对于我们重新认识植被在生态系统中的作用，对于恢复重建水气循环系统，都非常重要。

人们历来认为：降水量决定地面植被。而本课题研究则认为，这与"风吹霾散"等说法一样，也是一个值得反思的传统观念。

我国年降水量400毫米的分界线，呈东北—西南走向，大致与森林和草原荒漠分界线重合。"中国森林主要分布在东南部，即年降水量400毫米等降雨线以东的广大地区。在年降雨量小于400毫米的广大西北半干旱、干旱地区，森林仅存在于阿尔泰山、天山、祁连山少数山地的亚高山地段。"(《中国自然资源丛书·综合卷》，1995）对于这一自然生态地理现象，通常解释为：400毫米以下的降水，不足以发育森林。

季风理论认为，"由于中国是在东亚季风盛行的地区，降水的水汽主要是由西太平洋、南海、孟加拉湾和印度洋上吹来的湿润的夏季风带来的。因此，处于亚热带的中国东南沿海和华南地区，正好首当其冲，降水丰沛，成了世界上同纬度雨量较多的湿润地区。然而位于温带的广大西北和内蒙古地区，因深居内陆，距离海洋遥远，夏季风到了那里已成了强弩之末。再加上其南部和东南边缘，有第三纪末和第四纪初的造山运动升起的天山、昆仑山、秦岭、吕梁山及大兴安岭等高大山系，特别是有巨大的青藏高原，成了夏季风难以逾越的屏障。这样，湿润的海洋气流（东南季风和西南季风）无法吹进，水汽来源被隔断，致使夏季的西北和内蒙古地区水汽十分贫乏，降雨量稀少。"（吴正：《中国的沙漠》）

但是，请注意图19显示的我国西北干旱地区中几片降水特殊地区。一是从兰州以西，在青海湖与河西走廊之间，狭长的400毫米区域向西北孤军深入数百公里，而其两侧的柴达木荒漠和阿拉善沙漠，降水量都骤减至100毫米以下。再就是新疆中部，乌鲁木齐以西及其东，400毫米上下的区域东西向延展千余公里，宽度大部不足百公里，其南北两侧更是大面积荒漠极端干旱区。新疆最北端还有一处400毫米区。

上述现象，如果用季风理论及其降水模型，基本上都难以解释。

我国西北干旱区中的这几处降水超常地区，看地形分别为祁连山、天山和阿尔泰山，按照季风理论它们都是"夏季风难以逾越的屏障"。要说"距离海洋遥远"，著名的"亚洲大陆地理中心"就在乌鲁木齐市近旁，那里是地球陆地上无论哪个方向都距离海洋最远的地点。可是，为什么这几个地方的降水量反而会显著增加？如果说祁连山地区距离整体的400毫米降水线还不算太远，那么天山和阿尔泰山则已经远离一两千公里，太平洋水汽为什么会越过广袤的荒漠干旱区，而将甘霖独洒大陆腹地的这几小片区域?

■ 雨出地气：实际情况不是降水量决定地面植被发育，而是地面植被——下垫面蒸发系数决定降水量

其实，我们只要把降水量图（图19）与森林分布图（图20）相互对照，甚至重叠一下，这个疑问立刻迎刃而解。原来这几处地方都是高山森林区（还包括面积稍小的贺兰山林区，降水也同样比周边明显增多）。而前面引述的《中国自然资源丛书·综合卷》中，已经清楚地指出了这一现象："在年降雨量小于400毫米的广大西北半干旱、干旱地区，森林仅存在于阿尔泰山、天山、祁连山少数山地的亚高山地段。"正是地面森林的存在，使这几处地方成为荒漠干旱区中的"降水特区"。

所以，实际情况不是降水量决定地面植被发育，而恰恰是地面植被决定降水量。

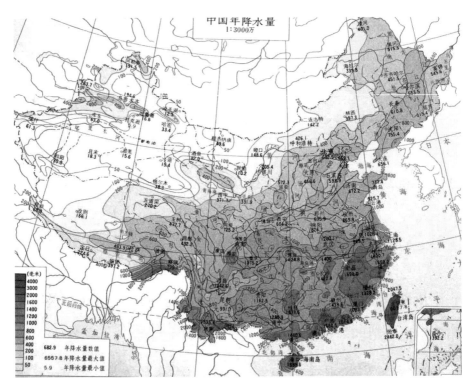

图19　中国年降水量示意图（选自《中国地图册》）

为什么？原因就在于"雨出地气"。

水气循环系统的降水机制和原理，即如《黄帝内经》所云："地气上为云，天气下为雨；云出天气，雨出地气。"可以说这已经讲得非常准确而透彻。换成现代语言，就是下垫面的蒸发系数，决定着降水量的大小。

森林地区的地气旺盛，水汽微循环非常活跃，地气发天气应而为云，天气下地气应而为雨，云雨皆合，降水自多。

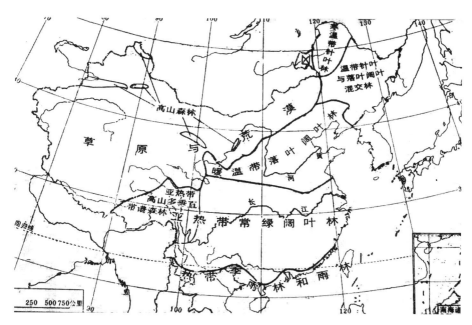

图20　中国森林分布示意图（选自《中国的森林》）

　　完整的森林生态系统，一般有四个层次的蒸发体系，由上到下为乔木层、灌木层、草层和土层。森林中的土层覆有很厚的枯枝落叶层和腐殖质层，它们将土层毛细管与空气隔离，加之其上三层蒸腾体系的叶面郁闭作用，避免了太阳的直接辐射和运动气流对土层毛细管吹刮所致的蒸发，能够长期保持土壤湿润。而当有云带临空时，因云层对流形成的低气压，会使水的蒸发加速，土层中的水便沿毛细管大量蒸发后透过腐殖质层和枯枝落叶层进入空气中。这种蒸发可称为适时蒸发，是影响降水的重要蒸发形式。有了这四个层面的蒸发体系，完整的森林生态系统从不放过任何降水的机会。

植物层次和种类的不同决定蒸发量的大小。层次越多，蒸发量越大，反之越小。如热带雨林系统具有多层结构和物种多样性，蒸发量最大，年降水量可达3000—5000毫米；阔叶林系统比针叶林系统的蒸发量大，所以阔叶林系统降水量2000毫米左右，针叶林系统为1000毫米左右。草原的蒸腾层次单一，蒸发量只有针叶林系统的一半左右，所以年降水量在200—400毫米。荒漠地带的降水很少，因为其蒸发量小的缘故。

地面植被决定降水量，不仅是一个新的观念，它本身即为自然规律之一，尤其是水气循环系统的一个基本规律。有了规律的意识，再来看存在，便可透过现象知见真相；而规律指导之下的行动，即为自觉和自然。

■ 塞罕坝林场与库布齐沙漠的可贵实践，证明原来的荒漠地区经过大规模绿化之后，降水量明显增加

地处河北北部的塞罕坝，经过林场建设者50多年的艰苦创业，在茫茫荒漠沙地上植树造林110万亩，森林覆盖率由12%提高到80%。这片世界上面积最大的人工林，也使降水量明显增加。20世纪60年代当地年均降水量为347毫米，90年代以来增至530.9毫米，增加了183.9毫米，围场县周边地区的降水量也增加了30多毫米。（燕赵环保网，2003）

而内蒙古库布齐沙漠治理前后的对比，同样是地面植被决定降水量、地气主导水气循环系统的非常有说服力的例证。

　　位于内蒙古黄河大几字弯内侧的库布齐沙漠，总面积1.86万平方公里，为中国第七大沙漠。经过多方30余年艰难而卓有成效的治理，如今沙漠绿化面积达6000平方公里，控制荒漠化面积1.1万平方公里。与30年前相比，沙尘天气减少95%，生物种类增长10倍，年降水量则由不足70毫米增长到350毫米以上。（联合国环境规划署，2015）也就是说，现在的年降水量比治理前的1988年增加至5倍之多。

　　库布齐沙漠绿化前后年降水量从70毫米到350毫米的巨大变化，这是时间梯度的视角；如果我们转到空间序列，再看一下祁连山、天山和阿尔泰山等高山森林区与邻近的极端荒漠化区的年降水量对比，也同样呈现了400毫米左右与不足100毫米的巨大级差。所以，从时间和空间两个维度，都可以给出地面植被决定降水量的明确结论——因为这是自然规律。

　　库布齐沙漠西部即云系上风方向的内蒙古阿拉善地区，沙漠戈壁面积近20万平方公里。同样为西北极端干旱区，阿拉善地区1960—2012年期间，年降水量则没有明显变化的趋势，只是年际间有所波动，最少年与最大年降水量相差1.6倍。（阎军等，2013）这应该同样能够说明，库布齐沙漠地区降水量的大幅度增长，完全是基于地面植被的变化。

■ 地面植被对于水气循环系统的各个层级都很重要。以自然恢复力为主，把绿化国土作为国家重点战略工程而长期实施

　　地面植被对于水气循环系统的各个层级都很重要。良好的植被不

仅能够涵养水源，保护土壤，增加降水，还与本研究课题所强调的小微循环即系统自净化功能密切相关，所以就能够直接改善本地环境空气质量。哪怕是一片方圆百十米的林地，下面若再有自然草丛，同样是雾霾天，置身其中感觉就会好上许多。再看年度雾霾强弱变化，七八九月虽然平均风速最低，但雾霾却是全年最轻的时期。为什么呢？显然因为这正是植被最茂盛的季节。季节和地域，也就是时空两方面都有力证明，植被良好，水汽微循环自然活跃，自净化功能就越强，降解大气污染物的效果也就越好。

在大范围严重雾霾笼罩的区域中，森林面积越大，其雾霾程度便越轻。再进一步，如果森林面积大到一定程度，水气循环系统就不会出现反常的失衡，因此这样的林区也就不会发生灾害性雾霾。

植被是整个生态环境的重要基础，而在陆地水气循环系统中，它还是连接地下与空中、地气与天气的重要环节和境阶。没有正常的植被，水气循环体系和自然生态系统都无以正常。

几十年来中国的植树造林规模已经为世界之首。但是因为起点过低，森林覆盖率和质量距离良好生态系统的基本要求还差很多，宜林荒地面积还非常之大。以自然恢复力为主，大力封禁保护，使生态系统休养生息，把绿化国土作为国家重点战略工程而长期实施，当为国家之幸和民族之福。

23

规律之三：自循环系数决定水资源量，故水资源的最大增量就在水气循环系统的正常运行本身。空中：在我国北方地区从西到东系统启动人工降水调治工程，甘霖锦绣江山

■ **化解水资源危机首先需要觉知观念和认识规律。我国北方水资源短缺年甚一年，或问：水在何方？答曰：自循环。若能逐步促使水气循环系统正常高效运行，人类实际可利用的水资源量自然越来越多**

水资源短缺已成为我国经济社会发展的瓶颈和短板。水资源问题是我国北方生态环境资源诸问题中的关键因素和首要难题。各方面的研究和预测都认为，未来我国水资源的供需形势更趋严峻，供需缺口将不断加大，而越往后开发难度越大，若在水资源开发利用和节约方面没有大的突破，很难支撑国民经济的持续发展。

水环境态势和人类实际可利用水资源量，与水气循环系统的整体状况互为因果。现在雾霾灾害也与水气循环系统直接相关，雾霾危机

实质上是水危机的症状之一，则水资源的问题之于我们也就更为严重和紧迫。不仅是社会经济发展的供需缺口，华北及整个北方地区生态水的需求和欠账还要更大。

前面所说的大面积回补地下水和大规模国土绿化，都需要丰沛的水资源。而我国北方地区的水资源短缺与生态系统恶化，本身就是一道相互缠绕的复合性难题。水到底从何而来？什么地方还有开发水资源的较大空间？

在水资源的开源方面，现在人们能够想到的和实施的，主要为工程调水。长距离大规模工程调水不仅动作巨大和成本极高，而且可调水量毕竟有限，更在于还会造成生态环境和社会系统的诸多未知后果。而在自循环的视野中，这类依赖外循环的做法，都类似于强心针，皆为权宜之计。

如同认识雾霾，首先要穿透观念雾霾一样，我们要化解水资源危机，首先需要反省的是我们关于水资源和水环境的传统观念。因为问题往往在于观念，所以，解决之道实际上就在问题之中。如果我们能够看到自己的观念，就会明白问题本身；切知存在本来，即可发现自然规律；把握自然规律，自然就会有自然而合理的解决之道。——这个过程，就是觉知观念、知行规律的自觉自然过程。

水的最重要特性之一即为循环，而且是自循环。当我们真正明白了自循环规律，就会知道：自循环系数决定水资源量。所以，水资源的最大增量，其实就在水气循环系统的周运状态本身。我国北方水资源短缺年甚一年，或问：水在何方？答曰：自循环。只要我们能够遵从规律、师法自然，逐步促使水气循环系统正常而高效运行，在给定时空中水循环总量不变的条件下，人类实际可利用的水资源量自然越来越多。因为，得其本源自然源源不断，立足生境自能生生不息。而人类社会系统与自然生态规律的契合度越高，则满足社会经济发展的正常需求，包括水资源需求，本来都不是问题。

■ 历史上我国西北和北方地区并非一直像当代这样干旱少雨，现在的恶性循环是人类强烈扰动导致的自然之变态；反之，人类顺应自然修复生态，即之可湿润多雨

通过本课题的研究展开，我们看到导致雾霾的所谓"气象扩散条件不利"，主要是人类活动败坏了地气并搅乱了天气，那么，在这里我们也要追问：当代我国北方地区干旱少雨的趋势，是纯粹的自然气候现象吗？

历史上我国西北和北方地区并非一直像当代这样干旱少雨。许多科学家的研究结果都认为，主要还是人为因素使这一地区陷入了植被破坏—荒漠化扩展—干旱少雨的恶性循环。据中国科学院兰州沙漠研究所调查分析得出的结论，在我国北方现代沙漠化土地中各种具体成因所占的比例是：过度樵采占32.4%，过度放牧占29.4%，过度农垦占

23.3%，水资源利用不当占8.6%，建设破坏植被占0.8%，风力使沙丘扩展占5.5%，表明沙漠化中95%的原因是由人类活动所导致。（《中国自然资源丛书·综合卷》，1995）还有科学家分析研究认为，中国土地沙漠化的原因中，过度开垦耕种占45%，过度放牧占29%，过度樵采占20%，工矿、交通建设占6%。（朱震达，1996）我们仅看全新世以来的近一万年中，大致相对来说，这种恶性循环在几千年前还限于个别地区，在几百年前发展到一些地区，20世纪以来则加速蔓延至大部分地区。

所以，我们把当代北方地区这种植被破坏—荒漠化扩展—干旱少雨的恶性循环定义为：人类强烈扰动导致的自然之变态。

现代考古和环境地理学研究发现，在全新世中期，中国北方地区的气候曾经相当温暖湿润。中国古代传说中夏禹时代的大洪水，被认为是4000多年前湿润多雨、河流泛滥、湖泊溢流的口头记录。那时北半球温带地区的落叶阔叶林极其发育，中国北方地区的森林覆盖率超过50%。在河南安阳殷墟，曾出土亚洲象、犀牛和马来貘。目前发现的亚洲象分布的最北位置甚至到河北阳原，那里是毗邻山西大同的山区，纬度比北京市区还要高一些。这些都证明，全新世中期我国东部亚热带的北界曾至海河流域。黄河流域之所以能够成为中华文明发祥期的核心区，也因为那时它的水热和植被条件大致相当于现在的长江中下游地区。这本应是我国北方地区生态环境系统良性循环的自然之常态。

既然北方地区全新世以来相当部分时期都曾为生态环境的良性循

环，既然当代的干旱少雨主要是人类违背自然破坏生态的结果，那么，人类顺应自然修复生态，即之可使北方地区由干旱少雨而重新湿润多雨。

■ 设想通过启动"天气下"而直接激活水气循环系统，促进具体时空水气循环的有效周行，当可达成部分恢复我国北方地区生态环境系统的自然之正常状态

今天，我们应该有可能遏止环境之变态而恢复自然之常态——部分恢复该区历史上大部分时期曾有的水汽利用率、天然植被盖度和水气循环机制，化转恶性循环为良性循环。

在水气循环系统的整体中，人努力于补充地下水和修复水环境，有助于地气的恢复；同时，保护和恢复地面植被，也能够增加降水量，促进水气循环。这些都是在地气上用功；而在天气方面，在天气与地气的相互作用上，人的着力点，还应该在什么地方呢？

当代人工降雨技术的发展，使我们有可能把握技术手段与最佳切入点的组合。若通过启动"天气下"而直接激活水气循环系统，促进具体时空水气循环的有效周行，如是经过恰如其分的努力，亦可达成部分恢复我国北方地区生态环境系统的自然之正常状态。

我们所设想论证的在我国北方地区从西到东系统启动人工降水调治工程，比起南水北调工程，尤其是比谈论的大西线调水的巨大工程，规模和成本都很小，代价和副作用就更其微小，效果却应该可以较好。

这一课题为二十年前王卜平先生先行探索，后来作者与之共同研究，有关论文曾发表在《北京观察》（2002）、《中国环境报》（2004）、《自然之友通讯》（2004）和自然之友网站（2004）等媒体。

■ 我国大陆尤其是北方地区的主体降水过程都是自西向东展开，而不是由东部沿海向内陆推进；季风降水理论所描述的模型与客观事实多有不合

实施人工降水启动循环系统的调治工程，其理论依据还涉及到中国大陆主要是北方地区的水气循环系统、降水机制和规律的几个重要的新观念，特将我们的研究结论简要概述如下。

第一，我国大陆的主体降水过程都是自西向东展开，而不是由东部沿海向内陆推进。

通观中国水循环之大势，影响我国北方降水的云系主要是与中纬度西风带的西风相随，降水过程亦自西而东推进。但是，通行的季风理论却认为，"中国是季风气候，降水主要受夏季风的影响，水汽来源于太平洋和印度洋"。"我国降水量空间分布的基本趋势是：从东南沿海向西北内陆递减，愈向内陆递减愈迅速。400毫米等雨量线，从大兴安岭西坡向西南延伸至雅鲁藏布江河谷。以该线为界，可将我国分为两部分，线以东明显受季风影响，属于湿润部分；线以西少受或不受季风影响，属于干旱部分。"（《中国自然地理纲要》）在这一点上，季

风降水理论所描述的模型与客观事实多有不合。

我国大陆尤其是北方地区的降水自西向东展开的过程，现在应该是一个不言而喻的事实。从最直观的现象上说，从卫星云图可以清楚地看到，我国大陆尤其是北方地区的云系移动、水汽运动和降水过程，从来都是自西向东推进，这一基本客观事实已经非常明显。只有台风期间，东南沿海受台风云系影响的地区，才会出现局部自东南而西北的逆向降水过程。因此，影响我国北方降水的主要是西风环流及同向运动的云系，其主体并非夏季风和太平洋水汽的输送。

季风降水理论的形成年代较早，受当时科学认识水平的影响，其理论模型的构建逻辑主要是以果推因。该理论以距离海洋（主要是西太平洋）远近为基准，从现象上看起来似乎解释了我国大陆降水量自东南至西北递减的事实，但是却没有搞清楚水气循环机制、水汽来源和降水过程。观念囿于外相，即只见"天"而不见"地"，只见"东"而不见"西"，结果为只看果而难觅因，得其标而失其本。而且，这一理论目前还在广泛应用，包括现在气象预报和雾霾预警时有失准，应该说与这些学科基础理论不无关系。

第二，关于地面植被与降水量的因果关系，主要是地面植被决定降水量，而不是降水量决定地面植被发育。（具体内容参见上一节论述）

■ 现代我国北方地区的干旱和荒漠化，与青藏高原隆起而阻挡夏季风和印度洋暖湿气流的说法，实际上关系不大；主要原因还是人类活动过度而削弱了水气循环系统所致

第三，现代我国北方地区的干旱和荒漠化，与青藏高原隆起而阻挡夏季风和印度洋暖湿气流的说法关系不大。关于这一点，只要带入地质纪年历史之纵轴，就可以清楚看出二者相关度很低。

我们都知道，青藏高原抬升的地质时间是以数十万年和数百万年计，与之相比，我国北方地区的许多现代沙漠则太过"年轻"。据科学家研究，4000万年以来青藏高原历经三次隆升、两次夷平的地质过程。在距今300多万年前，高原面再度侵蚀夷平为海拔千米左右，然后开始第三次整体强烈抬升，并延续至今。此间又经历了三期迅速上升，第一期为"青藏运动"——到240万年前后高原平均高度达到2000米左右；第二期为"昆仑—黄河运动"——110万年至60万年，在80万年前后平均高度达到3000米；第三期为"共和运动"——15万年前开始至今，平均高度上升至4500—5000米。（李吉均，1997）季风理论认为"巨大的青藏高原，成了夏季风难以逾越的屏障"，问题是在近几千年里，我国北方地区降水的变化幅度就能相差几倍，这就很难归结为同期青藏高原高度极为有限的增加。尤其是再看近几十年的时间尺度，无论是青藏高原的高度还是季风环流的变化更其微小，这就更难以解释我国北

方干旱少雨的明显趋势。

由此可知，干旱少雨加剧也同荒漠化扩展一样，主要原因还是在人为破坏森林和植被，以及各种水利工程大量拦蓄地表水，许多地区地下水位迅速下降等人类活动过度，而削弱了水气循环系统所致。

■ 我国北方地区每年雨季开始于由西到东下垫面连续蒸发带即水气循环通道的形成——等闲识得东风面

第四，我国北方地区每年雨季开始于由西到东下垫面连续蒸发带即水气循环通道的形成。

中国北方地区有句古谚，叫"东风送雨"，意思是说，一刮东风，在很短的时间里，就有一个大气降水的过程。还有一句民谚讲"云行东，雨无踪；云行西，水没犁"。既然云带运动和降水过程都是自西向东，那么为什么云行东不下雨，反而是起东风、云行西会下雨呢？

形成这种状况的原因，一般是在所处位置的西部有云层对流产生，东风是由对流产生的低气压使云带运行前方的空气向对流区内流进所产生的气流现象。由于我国北方地区处在北纬西风带上，盛行西风，云带与西风同行。当云带产生对流时，云下空气随对流中心向上运动，在云层下产生低气压。在对流区的西部由于西风的自然流入，气压变化较小；而在对流区东部，即云带运行前方，则产生较强的低气压而形成与西风气流相反的东风，随对流的强弱可形成几十公里甚至更长的低压东风带。

由云层对流形成的雨区低压静风区→低压东风带→低压静风区，随云带由西向东运动，在低压静风区以东的地区仍然是西风。

在由云层对流形成的这种低气压气流中，下垫面呈现出强蒸发态势。如植物的能量转换和物质循环加快，蒸腾增加；湖泊、河流、土层中的水因气压减低而蒸发加快，此即适时蒸发。在自然界中，很多动植物都会对这种天气系统作出反应，如蚂蚁搬家、燕子低飞、鲤鱼跳水等等。这些反应就成了在现代天气预报系统建立以前，人们预报降水的依据。

降水是否延续，则取决于下垫面的水汽蒸发有无延续性。运动中的降水云带，随这种蒸发的延续而致使降水延续。这是下垫面通过失水而又获得水补给，云带通过获得水、热补充，而又失去水的降水循环。这就造成了运动中的降水云带在一定高度时，下垫面的水、热补充量大，降水就多；水、热补充量小，降水就少；没有水、热补充，降水也就停止的这样一种客观现象。这也是在同一云带向东运动的过程中，森林降水多、沙漠降水少或没有降水的原因。也就是说，连续降水的过程是云带运行前方水、热连续补充的过程。

连续蒸发带形成之后，只要有适合的云带就会形成一场连续降水，水气循环通道中的升降开合转换不断加速活跃，于是雨越下越多，并在七八月份达到峰值。与之相对的现象则为：水越蓄越少。这也是工程拦蓄水越多则降水越少、气候越干旱的一个原因。近几十年中我国北方干旱频度和强度的不断增加，与人为拦截地表径流比率的不断提高，有着一定的正相关的关系。

"等闲识得东风面，万紫千红总是春。"科学地认识水气循环系统及我国北方地区的降水机制，我们就可以顺应自然规律，修复生态系统。我们所设想的人工降水调治循环系统工程，着眼点即在通过启动"天气下"而激活"地气发"，促成下垫面连续蒸发带即水气循环通道的稳定形成，以辅助逐步恢复建立正常的自然循环降水机制。——"不信东风唤不回"。

■ 我国北方空中水资源潜力巨大，水汽利用率若能提高一个百分点，就能增加水资源约1090亿立方米，即相当于两条黄河的水量

第五，我国北方空中水资源潜力巨大。据1973—1981年观测平均值，我国大陆上空年水汽输送量为：总输入量182154亿立方米，总输出量158397亿立方米，净输入量23757亿立方米，水汽利用率（净输入量与总输入量之比）为13%。其中南界、西界和北界均为正输入，只有东界为净输出，且东界的输出量为输入量的2.5倍。（《中国自然资源丛书·水资源卷》，1995）

再分别看秦岭、淮河以南和青藏高原以东的湿润区与其余的半湿润区、半干旱区和干旱区之比。湿润区面积为后者的三分之一，水汽净输入量却是后者的3倍。湿润区的水汽利用率为16%，半湿润区、半

干旱区和干旱区的水汽利用率平均仅为5%。而按单位面积计算，两者相差则达8.8倍。（《中国自然资源丛书·水资源卷》，1995）再具体到半干旱地区尤其是干旱地区，与湿润区的相差就更为悬殊。两者的巨大级差说明了我国北方开发空中水资源潜力的巨大：从理论上推算，北方地区水汽利用率若能提高一个百分点，就能增加水资源约1090亿立方米，即相当于两条黄河的水量。其实，上面这种水汽利用率的计算，还只是以我国大陆的东西边界入出量为基准。实际上我们看到，下垫面的水汽蒸发对于实时的降水循环更为重要，这本身才是降水的主要水汽来源。而如果从西到东形成连续降水，大的时空过程中的中小循环活跃度更高，蒸散与凝降周转频度加快，则人类实际可利用的水资源量自然还会更多。所以，水气循环系统若之正常化，就应该能够使我国北方降水量明显增加。

人们一直在说我国西北和北方干旱少雨，这当然是目前的事实。但同时还有一个为人们忽视的事实，即西北和北方地区上空的水汽资源相对并不少。我国西界和北界的年均水汽净输入量为30915亿立方米，即超过了全国的水汽净输入总量。（《中国自然资源丛书·水资源卷》，1995）北方干旱少雨是水汽利用率太低；而在低利用率的起点上，恢复水气循环系统和开发空中水资源应该更易见效。

■ 我国人工影响天气作业规模已居世界前列；观念转变：从抗旱 减灾的应急手段，点化为开启水气循环系统良性机制的"金钥匙"

我国从20世纪50年代开始进行人工增雨、防雹等人工影响天气的实验和作业，到21世纪初全国有30个省、市、区的1625个县开展了人工影响天气作业，从业人员近3万人，规模居世界前列。人工增雨已成为我国大多数省区抗旱的一个重要手段。全国每年用飞机、高炮和火箭进行人工增雨作业数百次，增加降雨约百亿立方米量级。但几十年来，这一直是作为一种抗旱减灾的应急手段，而未能上升到系统开发水资源，尤其是恢复生态环境良性循环的战略层面，此其一。其二，以往人工增雨的目的很明确，就是哪儿干旱就在哪里搞，为的是缓解旱情。其三，因为是抗旱的应急手段，所以人工增雨作业大都是在一个省范围内进行，甚至是一个市一个县各自为战，缺乏系统性与区域协同。

同时，国内外人工增雨作业的结果又都表明，降水机制一旦启动，就不仅是当地下雨，降水范围还会自动适当扩展，并主要是向下风方向延伸。

利用人工增雨会随着云系运动而向下风方向自动延展这一特性，便是我们所设想的人工启动调治水气循环系统在操作上的重要支点。

当然，更重要的是在观念上，把人工增雨技术从抗旱减灾的应急手段，点化为开启水气循环系统良性机制的四两拨千斤的"金钥匙"。

■ 数千公里大系统接力操作：对从西部边界进入我国境内的云系，适当适度用人工的方法，辅助完成将其完整地沿有效降水高度循环运行，一直送入东部海空的连续过程

基于上述理念进行的系统启动人工降水调治工程，目的主要是整体调治和恢复水气循环系统，切入点即为人工降水启动辅助促进下垫面形成连续蒸发带即水气循环通道。

人工降水调治系统工程，从实施操作上简要地说，就是对从西部边界进入我国境内的云系，适当适度用人工的方法，辅助完成将其完整地沿有效降水高度循环运行，一直送入东部海空的连续过程。通过科学论证，整体规划，系统协同，梯次配置，精准实施，综合运用各种信息技术手段，掌握云系从西界进入我国的周期规律——以新疆地区为例，每年平均有92次云系影响天山和阿尔泰山，64次云系影响昆仑山（新疆气象局，2017）——在上风方向适宜对云层作对流启动的地带，对每一个云系，根据其高度、大小和质量、流变等不同情况，相应实施不同方式的人工降水启动。同时，根据云系向东运动时下垫面的蒸发数值和循环程度，对该云系实施跟踪降水启动或连续降水维持，进行完整的从西部边界到东部沿海的数千公里的大系统接力操作。经过若干次这种操作后，使大地由西到东逐渐形成一个稳定、连续的蒸发带，即时空具体的降水循环机制和水气循环通道。此后，对大约平均每四天至六天

一次的从西界入境的云系，只需在上风头和个别地带进行降水启动和
接力维持，就会在我国北方地区发生一次较为完整的连续降水过程。

这种通过人工降水启动辅助建立下垫面连续蒸发带，因为目的是
恢复和补益水气循环系统，所以人工增雨技术只是作为一种启动和触
发的手段。这就像中医治病一样，用恰当而较小的外力激活和调动系
统内在的自然循环机制，而不是越俎代庖，更不是什么"改天换地"。
正因为是系统协调、梯次配置和跟踪接力启动，预计大约以小于或等
于全国现有的人工影响天气的规模（人力、物力、财力），即可基本达
成促进建立连续蒸发带、启动激活水气循环系统的目标。而且，随着
水气循环系统的适度恢复，从启动维持过渡到微调延续，人工辅助的
力度还会很快逐渐递减，而主要以自然循环机制的自动运行和自行调
适为主。

■ 人工干预天气，必须小心而为，必须适时、适当、适机、适度、适应、适合，顺应自然规律和补益自循环是为最高原则

本课题研究所提出的地下、地表和空中三位一体调治水气循环系
统，前面两项即尽最大努力保护和修复地下水和水环境、大力保护恢
复和发展地面植被，只要真心实干努力去做，作为系统工程而实施，
肯定会取得明显效果，而且从各方面基本上不会有什么副作用。因为
这些主要是顺应自然，帮助恢复自然生态系统。唯独这第三项，即人

工启动调治水气循环系统，就因为是"人工启动"，所以一定要慎之又慎，一定要顺应和符合自然循环系统的规律。

为了抗旱而在各个局部地区频繁实施零散的人工降雨作业，不仅成本远远高于本课题研究所设想的系统启动调治，更大的问题还在于不可避免地会扰乱自然机制。云系都是活的系统，水气循环系统亦如生命体。零散的、强制的、无规律和不符合规律的人工降雨搞得过多过乱，云系和循环系统也会产生依赖性或是抗体，那就难免进入这样一种过程：①不打自下（降水本来是自然的）；②一打就下（开始阶段人为的干预很灵）；③不打不下（云系和循环系统也越来越有依赖性，实际上就是被人为干预搞乱套了。在我国北方有些地区和有些时候，现在或许已经到了这个阶段）；④打也不下（从第三阶段的"不打不下"，人们必然会不断加大干预实施的强度和力度，所以最后必然落到"打也不下"的境地）。——如果不幸整到那一步，那可就是所谓"天漠化"了。荒漠化是人类在大地上折腾的结果，如果最后再搞出一个"天漠化"来，人类可就真的没法活了。

所以，人工干预天气，必须小心而为，必须适时、适当、适机、适度、适应、适合。顺应自然规律和补益自循环，一定要作为最高原则。

■ **通过人工启动调治系统工程，从帮助解决水资源短缺这一关键性制约因素入手，激活天气而补益地气，旺盛地气而和谐天气，修复和重建水气循环系统，有望整体复新和自然善利我国北方生态环境**

根据我们的初步研究，人工启动辅助建立下垫面连续蒸发带开始实施的时间，比较适合选在晚秋季节进行。这一时节暴雨云系很少，故相对便于实施和控制。再经过一冬一春的适度的试验性启动调治，到来年夏秋季节，下垫面自然蒸发系数就会稍有起色，自然水气循环机制会有所恢复。而如果经常性降水增加，雨季降暴雨的机率相对会减少、强度相对会弱化。随着水气循环机制初步建立和相对开始正常运行，自然本身之调控作用日益恢复和增强，和风而细雨，细水者长流，峰值差缩小，起伏渐缓和，目前北方地区降水时空分布很不均匀的状态，也会有所变化，甚至包括全国南涝北旱大的态势，应有可能逐步趋向相对的协调与平衡。

通过人工启动调治系统工程，从帮助解决水资源短缺这一关键性制约因素入手，激活天气而补益地气，旺盛地气而和谐天气，修复和重建水气循环系统，有望整体复新和自然善利我国北方生态环境。

其实，近在二十世纪下半叶，每逢三五天一雨，还是我国北方地区夏秋季节降水之常态。这也是我们通过人工启动调治系统工程，能够恢复到那种状态的现代依据。

空中的增雨启动与地面的严格封育措施相结合，植被便可较快恢复。降水多了，增加地表水，补充地下水，可恢复水平衡，促进水气循环。植被增加，水气循环机制恢复，水汽利用率就会渐次提高。降水增加，植被恢复，自然封育和植树种草将事半功倍，荒漠化亦将逐步从根本上得到治理。经常性的降水和植被盖度提高，沙尘暴便无从肆虐；并且，人工降雨技术本身还可以直接降解强沙尘暴。水资源多了，干旱和半干旱地区的耕地和草场的承载力将大幅提高，又可以把更多的土地还林还草。塞罕坝林场和库布齐沙漠等地绿化治理的效果，便是生态环境修复和水气循环系统大幅度恢复的当代范例。

只要我们遵从自然规律，努力补益自循环，重建自循环，步入良性循环，自然常态的水气循环系统就会自然调适修复，逐步自动良好运行。如是若干年，我们生活的这片土地，当之可望雨顺而风调，山青而水秀。

■ 从治理雾霾上升到探索整体调理恢复自然生态系统的治本之道，真心实干中国社会主义生态文明建设的百年基础工程，乃功德无量

本课题研究特别提出和强调"水气循环系统"这一核心观念，因为水之与气本来一体。治理雾霾与解决水资源问题并举，水气林土等

整体调治生态环境系统，自然应该一体而为。

对于水资源短缺这一我国北方地区生态环境的首要难题，解决之道在开源、节流与治污并重。而重建和修复水气循环系统，则为其根本。水气循环系统运行越顺畅，大中小微诸循环频度越高，则水资源的增量便越大，故完全有可能部分恢复乃至大部恢复全新世以来大部分时期曾有的水汽利用率和自然循环机制。

健康正常的水气循环系统为水资源和生态环境之本。本立道生，行道固本。从治理雾霾上升到探索整体调理恢复自然循环系统的治本之道，真心实干中国社会主义生态文明建设的百年基础工程，扎实生态根基，庄严绿色国土，甘霖锦绣江山，自然功德无量。

· 致 谢 ·

首先感谢今天的信息社会，没有那么多人辛勤劳作共同营造的大数据平台，本人不可能完成这一课题研究。

感谢引用文献资料的所有作者，有的未能注明来源，请原谅。

感谢金陶陶先生参与本课题研究。感谢程东先生的一再鼓励和指点。感谢周宝莹、霍用灵、金雨、胡开祥、李秋生诸先生给予的启发和帮助。

在本课题的研究、发表、讲学和媒体报道过程中，还得到蒋高明、刘兵、郑易生、杨欣、汪永晨、孙庆生、何力、张思光、徐燕鲁、刘冬、韩爱果、管晓丽、孙乐、邓雅蔓、周楠、任雪松、李永平、郝斌、王凤良、孟晓霞、牟广丰、康雪、张伯驹、杜兰弟、李实、王亦勉和张丽灵等女士和先生的帮助和关照，在此一并致谢。

感谢北京西山智库信息技术研究中心和文化先生，拙作忝列西山智库研究报告，余深感荣幸。

感谢刘炜先生的鼎力支持，书稿终于付梓与读者见面。

遥想世纪之交，余曾与王卜平先生一起探究人工降水启动调治生态系统课题有年。为使之益于社会，我等多方奔走，情景如昨。不意尘封十数年后，此建设性方案亦可契入灾害性雾霾之综合治理，作为设想中的三位一体调治水气循环系统的操作支点。卜平君不幸于年前过世，此人工降水启动调治方略倘能助力北中国生态环境之改善重建，还我神州青山绿水碧野蓝天，君当可欣慰矣。

金　辉

2018年春节